AF588782

ADVIS POUR LE IARDIN ROYAL DES PLANTES MEDECINALES QUE le Roy veut establir à Paris.

Presenté à Nosseigneurs du Parlement.

Par GUY DE LA BROSSE, ~~Medecin ordinaire du Roy~~, & Intendant dudit Iardin.

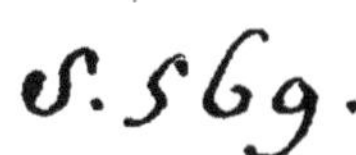

A PARIS,
De l'Imprimerie de IACQUES DUGAST, au bas de la ruë de la Harpe, aux Gants couronnez, prés la Roze rouge.

M. DC. XXXI.

A
MESSEIGNEVRS, MESSEIGNEVRS DV PARLEMENT.

TRES-AVGVSTE SENAT, *Le Roy ayant eu aduis de l'vtilité & necessité de l'establissement d'vn Iardin Royal, pour la culture des Plantes Medecinales à Paris, par le feu sieur Heroard, viuant son premier Medecin, & selon les memoires que ie luy en ay fourny : Sa Maiesté a trouué bon qu'il fust edifié en l'vn des Faux-bourgs de cette grande Ville, & au lieu le plus commode. Elle a eu le dessein en telle recommandation, qu'il luy a pleu le tesmoigner par son Edict du mois de Ianuier mil six cens vingt-six, verifié par vostre celebre & tres equitable Compagnie, & registré en vos sacrez Cayers; de sorte qu'il ne reste plus que l'execution. Mais, parce que cette proposition ne sçauroit estre accomplie sans deniers competans, & qu'il est impossible de les tirer de l'Espargne, estant espuisée par les grandes & continuelles despenses que sa Maiesté a esté obligee de faire depuis plu-*

sieurs années pour le bien de son Estat. Sa Maiesté ayant esté aduertie qu'en plusieurs Prouinces de son Royaume, il y auoit quelques terres vaines & vagues, des bois abroutis, des Isles, Islots, atterrissemens & delaissemens és riuieres & costes de la mer, des marets, pastis, padoüans, estangs, mares & fosses à poisson de son Domaine, dont elle ne retire aucun profit : Elle a trouué à propos pour fournir à l'accomplissement de ce loüable dessein, à quoy l'a seulement porté sa pieté, & sans l'exiger de son peuple, de vendre telles terres, bois & semblables pieces à deniers de rente & d'entree : Ceux de rente pour reuenir annuellement à son Domaine, & ceux d'entree pour estre employez par vostre ordre à l'achapt des lieux necessaires & conuenables pour l'edification de cette œuure, & pour les plantes qu'il y faut cultiuer : dont les Commissions vous sont presentees, afin que trouuées iustes par vos suffrages, elles soient mises en execution.

Il y a de l'apparence que vous trouuerez le recouurement de ces deniers & leur employ d'autant plus iustes, que l'vn se fait sans fouler le peuple, & que l'autre est au commun bien de tous. C'est veritablement vne œuure de grande attente & de long temps desirée, qui auoit receu quelque idée au Iardin du sieur Rebin dressé par le commandement du feu Roy; toutesfois de petite estenduë, ne contenant pas vn quartier de terre, aussi ne cultiuoit il que quelque petit nombre de plantes estrangeres. Il eust receu sans doute vn notable accroissement si ce grand Prince n'eust esté preuenu de mort, & que nostre dessein luy eust esté presenté. Mais comme les belles & grandes choses ont esté remises au regne de nostre tres-Iuste & tres-victorieux Roy Louys XIII. & pour sa gloire, Dieu voulant accomplir par Salomon ce qu'il auoit promis en Dauid, comme nous l'auons apperceu depuis son aduement à la Couronne, cette œuure a esté postposée pour l'ornement de son regne auec les grandes choses qu'il a mises à fin: aussi n'a-il pas plustost entendu nostre proposition, quoy qu'au milieu de la poussiere de ses trauaux, qu'il l'a receuë & desiré qu'elle fust effectuée.

Son loüable dessein en cét ouurage n'est pas sans exemples; de grands Princes & de tres-illustres Republiques ont eu de pareils desseins, qu'ils ont fait paroistre par l'effect au grand contentement & vtilité de leurs peuples. Le Comte Palatin en auoit fait planter vn à Hildeberg, où le climat vaincu par la diligence & le soin, s'est veu peuplé d'Orangers, Citroniers, Mirtes, & autres arbrisseaux aussi beaux qu'és terres qui les produisent sans art. Le Roy d'Angleterre fait cultiuer le sien, tres-rare & tres-beau. Les Venitiens ont le leur à Padouë, qui leur a cousté plus de cent mil ducats; außi est-il maintenant sans pareil. Leyden, terre Septentrionale ne laisse pas d'auoir le sien curieusement dressé & remply de tresbelles Plantes.

La France en a aussi vn à Montpellier, cy-deuant ruiné, que l'on reedifie, portant le tesmoignage de l'amour de nos Roys tres-Chrestiens enuers leurs peuples: Mais Paris la Royne des villes & le cœur de l'Estat n'en a pas. C'est faire tort à sa grandeur, à ses habitans, à sa celebre Vniuersité, à sa Faculté de Medecine, & à tous les peuples qui la frequentent que de la laisser defectueuse d'vn si grand bien, c'est pour cela que sa Maiesté pour la rendre accomplie en toute perfection desire l'establissement de celuy qui luy est proposé.

C'est vne œuure où se rencontreront la beauté, la bonté, &

la necessaire vtilité : Ie dis qu'il sera beau sans second (si vos aduis fauorables secondent le dessein) par sa grandeur, situation & disposition remplie de Plantes, non seulement que fournissent nos Prouinces ; mais encore de celles des terres plus esloignées. Voire où il se verra des raretez de l'vne & l'autre Inde, me promettant d'ailleurs qu'en toutes saisons il y aura des parterres tousiours verds & fleuris, mesmes sous la neige.

Pour sa bonté, elle paroistra en l'apprentissage qu'il donnera des Plantes aux curieux, & à ceux qui sont obligez par deuoir de l'acquerir ; tant des domestiques que des estrangeres, tant des sauuages que des cultiuées , & puis y estans en abondance , elles y seront soigneusement conseruées, vertes & seiches, selon leur nature & saisons, pour estre exposées à l'vsage.

Qu'il ne soit vtilement necessaire, le besoin le fait assez cognoistre pour les remedes deffaillans aux plus fascheuses langueurs , qu'il fournira non seulement pour les pauures qui en sont en vne extréme disette ; mais aussi pour les riches: faisant que les oppulants soient plus fidellement seruis.

Ceux qui sont dans la veritable pratique de la Medecine, vrays enfans d'Hypocrates & de Galien, & plus encor ceux qui sont detenus de longues & fascheuses maladies en cognoissent le besoin, aussi souspirent-ils apres ; & cette verité n'est pas incogneuë à vos sublimes esprits tres-clairs-voyans, qui vous sera d'abondant representée par l'aduis de ce Iardin que ie vous presente.

Que si telle œuure n'a pas eu de commmencement iusques à present : c'est à mon aduis, qu'elle ne vous a pas esté proposée, ny les moyens pour fournir à l'execution presentes. Mais ores le tout ne dépend plus que de vos iustes suffrages ; vous en tenez la clef pour en donner l'ouuerture & l'entrée : Vous seriez coulpables de ce besoin estant iuste, si vous ne l'authorisez puissamment. C'est pour cela que ie suis à vos pieds implorant & vous suppliant tres-humblement d'auoir l'œuure agreable. C'est le bien qu'vn chacun attend de la candeur de vos ames equitables. Et puis cogneu de tous, il vous fera d'autant plus recognoistre pour les Peres du bien public, & pour le plus auguste Senat de la terre. C'est ce que vous oze tres-humblement representer,

MESSEIGNEVRS,

Vostre tres-humble & tres-
obeïssant seruiteur,
GVY DE LA BROSSE.

ADVIS POVR LE IARDIN ROYAL, DES PLANTES MEDECINALES QVE LE ROY VEVT establir à Paris.

CE seroit vne tres-grande merueille, si le Iardin Royal des Plantes Medecinales que ie poursuis estoit bien receu par vn adueu general de tous les hommes, & que l'œuure de ses parterres ne trouuast du mespris en leur inesgalité. Quoy qu'il deuance autant en vtilité tous les edifices qui l'ont precedé par le temps que la santé vaut mieux que toutes les richesses; il n'est pas pourtant aysé que tant de sentiments diuers concourrent vnanimement à la recherche de ce qui est iustement loüable; les belles & bonnes choses ne sont pas esgalement estimees d'vn chacun; l'enuie, la peste des ames, est trop puissante pour le permettre, principalement en la saison que nous respirons; où le pris & le merite ne sont en leurs sujets que pour souffrir sa morsure; mesme de ceux qui veulent passer pour tres-sçauants & sages.

Mais encore que ie ne puisse acquerir la bonne grace de tous, suiuant ce dessein; ie ne laisseray pourtant d'en continuer la culture, & mes mains pour cela ne s'apesentiront à son trauail: plustost encouragé par la difficulté, mes forces s'accroistront; des plus rudes labeurs se recueillent les plus riches moissons, & de surmonter les trauerses naist la gloire. Voire quand ie serois si mol, que de me relascher au descry de ces Larues, ie pourrois estre redressé pour continuer ma routte, cognoissant que les vertus ont cela de propre, d'estre cheries des bons, & haïes des vicieux, & quelque eschet que l'on leur donne, de n'estre iamais terrassees. Et puis ayant pour appuy la charité du Roy, & pour but le restablissement des vegetaux en la Medecine; je peux esperer (Dieu benissant mon intention) que malgré ceux qui voudroient empescher le germe des plantes de ce Iardin, qu'il sera bien veu des vertueux, & fleurira au contentement des bonnes ames.

C'est pour produire trois biens au commerce de la vie, que la nonchalance laisse derriere. 1 L'instruction des apprentifs de la Medecine, mesme des plus auancez à sa practique, à la cognoissance des principaux outils de leur Art dés long temps negligez. 2 Que l'Art soit plus sincerement & facilement practiqué. 3 Et que les pauures accablez de la necessité & des langueurs, y trouuent charitablement secours à leur besoin.

Pour le premier, il n'y a personne qui ne sçache de quelle esperance est la Medecine, & ce que l'on attend de ses Professeurs: l'on ne peut ignorer que l'effect ne respond pas aux promesses, & que cela eschet, parce que les instrumens d'vn Art si digne, sont pour la meilleure part incogneuz ou negligez. Car depuis que les

Arts liberaux & mechaniques ont esté esgalement traictez par des mains mercenaires, plus auides du gain que soigneuses d'illustrer ce qu'elles manioient, & qu'à la mode des anciens Methodics, contre l'opinion du prudent Hypocrates, l'on a estimé l'Art bref, & la vie assez longue pour parfaire dix Cours à l'acquisition de sa Maistrise: le trauail sans gain present a esté mesprisé, tel que l'apprentissage continuel en la recherche des diuers sujets necessaires à l'Augmentation & à la gloire de l'Art. Plusieurs ont pensé, puis que la Medecine se pratiquoit tres-facilement, & auec grand profit, pour ses artisans, par peu de plantes: que l'estude du surplus estoit inutil, & que ce n'estoit qu'vne surcharge à leur Doctoralité, voire des Maistres de cette boutique ont osé soustenir que quatre vegetaux, chacun au plus haut degré de l'vne des quatre differentes qualitez, estoient suffisans pour remedier à toutes les indispositions du corps humain, fondant cet impertinente proposition sur la generale maxime, que les contraires sont gueris par leurs contraires, que les maladies prennent leurs causes pour la plus grande part de l'intemperie: qu'auec ces quatre extresmes contraires l'on peut faire tout temperament, & des medicaments à toutes les infirmitez, que le reste est superflu. Veritablement la pensee en est belle & bien gentille, si elle se pouuoit accommoder à l'experience, & à la nature des choses. Mais elle en est si esllongnee, qu'elle paroist plustost vne caprice d'esprit, plus propre à destruire l'Art qu'à le perfectionner. Ce sont voix & paroles enfantees par des cerueaux alterez de trop longue lecture, où ils s'amusent tant, qu'ils n'ont point d'esgard aux bonnes espreuues desquelles depend la Maistrise. Ils ne considerent pas, que quelque elegant que puisse estre le discours, & tel chatoüillement qu'il puisse donner aux faciles oreilles, que iamais il n'approchera de la douce satisfaction que reçoit vn malade par le remede qu'vne main sagement artiste & guerissante luy applique. Au premier il ne faut que des liures, les esprits cajoleurs butinent aysément de belles fleurs dedans ces parterres, & des fruicts semblables aux pommes croissans sur le bord du lac Asphaltite, belles dessus, & au dedans pleines d'vne legere poussiere, pour lesquels ils pretendent meriter la couronne du laurier Apolinaire. Pour l'autre, il faut de bons effects: aussi la partie qui les donne, circonspecte, vigilante & laborieuse imite le figuier, elle les estalle sans apparat de langage, monstrāt toute vertueuse que c'est auec raison que la iudicieuse experience l'emporte de haute lute sur la cajolerie. Mieux vaut vne seule experience (dit Auerrhoes) que plusieurs telles raisons, & qui desnie le sens, merite de bonnes peines sensibles. Toutesfois, cōme il est plus aysé de viure à l'ombre & au repos qu'en continuel trauail, aussi y a-il plus grand nombre de ces sçauants contemplatifs, que de laborieux aux mains crasseuses. Galien, dont ils se disent enfans, les compare, apres Heraclides Tarentin, aux crieurs publics, lesquels reclamants quelque chose perduë, la remarquent par toutes ses circonstances, quoy qu'ils ne l'ayent oncques veuë, & auroient de la peine de la cognoistre si elle estoit deuant eux. Vrais embaleurs des opinions d'autruy, Philosophes par liures, & de sorte

Liu. 6. ch. .. des simples ..edicaments.

sçauans, que s'il leur aduient de prescrire quelque simple pour estaler leur suffisance, ils demandent en Hyuer ceux que le seul Esté fournit, & qui ne se peuuent garder seiches auec leurs vertus, comme la Morelle, le Pourpied, & telles autres; exposant ainsi leur doctrine à la censure des Apotiquaires, qui s'en mocquent.

C'est pour les oster de ceste raillerie, que ie desire estaller à leurs yeux des plantes de toutes conditions, afin que conuiez à leur deuoir, par vne tant excellente occasion, ils viennent recognoistre ce qui perfectionne l'Art, & le rend recommendable. Ne leur estant plus necessaire d'aller visiter les montaignes, valees, campagnes, bois, prées & marests, pour cette necessaire estude: ils en pourront facilement prendre le loisir sans crainte des iniures de l'air, ny la perte de leur gain ordinaire. De la sorte l'apprentissage leur sera tant aysé, que s'ils le negligent, auec raison leur en pourra-on faire reproche. Non seulement ils rencontreront toutes les plantes que nostre climat pourra naturellement ou par art esleuer, mais encore vn Maistre pour leur monstrer. Personne ne s'y peut rendre expert par la seule lecture des liures, pour quelque assiduë qu'elle soit, mesme des meilleurs autheurs, ainsi l'asseure [a] Mathiole, il les faut (dit-il) voir & reuoir sur le pied, auec vn Maistre entendu & consommé en leur recherche, les contempler & gouster és diuerses saisons de l'an & de leur aage.

[a] *En son Epistre sur le commentaire de Dioscoride.*

Le second s'apperçoit par l'excellence des remedes, de la practique du iourd'huy, lesquels sont escharsemẽt compris en la saignee, au senné, & en quelque lauement de son, pour toutes maladies: de sorte que faute de meilleurs medicaments maintes personnes sont conduites au tombeau : principalement de ceux que l'industrie, auec vn long temps & certaines saisons fournissent, comme les eaux distillees, les sucs, les miues, les plantes entieres, les racines, les fleurs, les fruicts, & les semences; sans ceux que la docte curiosité & le soin des bons Maistres y a adioustez, tels que les sels, les essences, les esprits brulans, & les acides. Car des vns la plus grande part des Apotiquaires voyant que la Medecine est reduite à la disette des remedes, en font & gardent si peu, que l'on peut dire que ce sont de pauures boutiques. Pour les autres que les desireux du bien ont trouuez, ils n'en veulent prendre la peine, ou ne les sçauent pas preparer. Pour remede à ce deffaut, l'on les leur tiendra les vns & les autres fidellement accommodez, & toutes les plantes en vsage auec leurs parties, selon le Cathalogue que ie presente, soit vertes en leurs saisons, ou seiches en autre constitution, apres auoir esté cueillies en aage & temps conuenables, & ne donnera-on les vnes pour les autres, esuitant par ce moyen les maux que la paresse & l'ignorance causent, la Medecine sera plus sincerement practiquee.

Quant au troisiesme, il est à la veuë de tous, que les pauures artisans, dont les mains à peine leur portent le pain à la bouche, ne peuuent approcher les boutiques des Apotiquaires qu'à leur confusion. Ceux qui en ont esprouué le coust en apprehendent de sorte la rencontre, qu'ils eslisent plustost de hazarder leur vie, à la mercy du temps, que d'y chercher des remedes. Les drogues apportees des Indes & des autres parties du monde, sont de grand prix, telles medecines ne sont que pour les accommodez, & pour ceux qui mangent leur pain gras sous leur figuier, ou à l'ombre de leur oliuier, comme parlét les sainctes lettres de l'homme aysé. Il se peut faire que de la cherté de tels medicaments est sortie la pensee de quelques anciens peu charitables, que la Medecine n'estoit que pour les seuls riches: ainsi le fils de perdition disoit que l'vnguent aromatique espanché sur le chef & aux pieds de son Maistre estoit trop precieux pour cet employ. Comme si Dieu auoit moins de soin de son image au sein du mendiant, qu'en celuy que la fortune caresse? Et comme si tant de plantes particulieres à nostre climat & zenit estoient crées du Tout-puissant & produites par la sage Nature inutilement, ou pour les seuls riches? que les disetteux n'y eussent aucune part, & que l'vsage, s'ils le cognoissoient leur en fust interdit par les opulêts? Ce ne sont pas les herbes estrangeres, rares, & de grand coust qui recellent seules les principales vertus pour la guerison, il y en a telle foulee en la voye, mille fois plus efficacieuse, que celle que l'auare Marchand par l'esperance de son gain nous apporte de loin & nous sophistique. Plusieurs paysans le sçauent, & le bien qu'ils conferent de ces domestiques vegetaux aux pauures malades, faict qu'ils hochent la teste sur les Medecins, & se rient des Apotiquaires. Sans courir l'vn & l'autre Pole, ny visiter l'Orient, & sans argent ils trouuent dedans nos campagnes, & sous leurs pieds, des plantes esgales en bonté, vertu, & effects aux plus efficacieuses de ces terres esloignees dont ils secourent l'indigent trauaillé de maladies. Mille infirmitez, comme tignes, galles, vlceres & autres langueurs, que la saleté, la disette, & vn mauuais soin leurs accueillent, y trouuent d'asseurez remedes: Mesme cette maladie tant ordinaire parmy les hommes, la Fiéure, & si incogniuë en sa vraye cause, l'achoppement du Medecin luy estant ce que la quadrature du Cercle est au Mathematicien, & l'or-potable au Chimique, y puise plus de remedes qu'és boutiques, ces simples medicaments leur seront enseignez & gratuitement donnez.

Que si quelque charitable demandoit, quel secours pouuez vous donner aux pauures malades auec ces simples medicaments? ie luy repartiray, par le sentiment d'Arnaud de Villeneufue, [a] que qui peut medicamenter de simples remedes, en vain ou par tromperie cherche-il les composez. Car tant plus il entre de simples en vn medicament, & moins est-on certain de son effect. Ce n'est pas que quand la maladie est compliquee, qu'il ne faille vn remede de cette cõdition; mais il faut que ce soit par discretion & iugement; & puis la plus grande partie des maladies des pauures sont simples, leur disette ne permet pas que la crapule les leur augmente, & quand elles arriueroient compliquees, l'on leur en peut donner vn bon aduis.

[a] *Au liure des Parab. des medicamens doctrine seconde. Aphorisme 15. a & 23.*

Mais quoy que ces choses soient veritables, & qu'il soit grandement necessaire d'y donner ordre, par l'establissement du Iardin Royal des plantes Medecinales, nos enuieux ne laisseront pas de ietter en auant trois puissantes obiections pour alentir les bonnes volontez de ceux qui approuueront nostre dessein, & diront.

Que la Medecine s'est bien & heureusement practiquee

quée dedans Paris depuis plusieurs siecles par de tres-doctes personnages sans vn tel Iardin.

Que les plantes ne sont pas seuls remedes à toutes les indispositions: que les mineraux y ont grande part & y sont employez auec de tres-heureux succés.

Et que quand bien elles y seroient seules vtiles, que pour cela ne se peuuēt elles cultiuer icy comme és lieux chauds, ainsi qu'à Montpellier, & que les plus asseurez remedes de cette part viennēt des Indes où ils croissent.

Ces obiections sont tres-pressantes, les hastifs se ietteront facilement dedans leur party; parce qu'elles ont vne grande apparence: mais s'ils nous font la grace d'attendre nostre response: je me fay croire qu'ils pēseront tout autrement. Car à la premiere i'ay à dire, que si la Medecine auoit esté si excellemmēt prattiquée dedans Paris, qu'il s'ensuiuroit que ses Professeurs seroient exempts de la honte de ce ridicul prouerbe, que les maladies terminées en ique leur font la nique: Et qui a du Bugle & du Sanicle fait au Medecin la nique. Si la Medecine estoit montée au sueil de sa gloire, par la doctrine de ces grands hommes & sans les plantes, tant d'infirmitez estimées de la vulgaire prattique incurables, seroient elles sans remedes? les pourroit-on en bōne conscience affirmer & voir de bien legeres maladies abandonnées par les plus sçauans de ces classes? Non asseurément elle n'est à son dernier periode, ny en preceptes, ny en remedes, quoy que contre le bon sentimēt d'Hypocrates, Galien ait eu opinion de l'auoir perfectionnée: quoy que disent encore ceux qui ont les bras croisez aux descouuertes, elle n'a receu sa derniere touche, il y faut le trauail de beaucoup de tres-excellentes mains en la suitte de plusieurs siecles, & mieux cultiuer les plantes que l'on n'a fait pour fournir à sa prattique. Car veritablemẽt si toutes les plantes de nostre region estoient cogneuës & nommées par les vertus dont Dieu les a decorées, & que les Medecins les missent en vsage, la Medecine seroit bien en vn autre lustre qu'elle n'est pas, & les pauures malades plus fauorablement secourus. Et puis tous les grands Medecins des aages passez & du nostre, n'ont pas tous negligé cette belle estude; s'ils n'ont eu des Iardins Royaux pour fournir facilement à leur loüable curiosité, ils n'ont point apprehendé le trauail, laborieux qu'ils ont esté, ils ont cherché par tous les endroicts de la terre, où les a peu conduire la vigueur de leurs aages, les diuers vegetaux dont ils nous ont laissé les histoires. Tels ont esté Mathiole, Fusch, Monard, Lobele, Dodonée, Péna, Valere Corde, Castor Durand, Tragé, Leonicer, Turnicer, De l'Escluse, Gesner, Dalechamp, sans ceux qui n'ont eu le loisir de nous laisser par escript leurs trauaux: comme le feu sieur de la Riuiere premier Medecin de Henry le Grand, tres-excellent en cette cognoissance: j'ose aussi dire que feu mon pere, que Dieu absolue, n'y estoit point mediocrement entendu, son sçauoir a esté cogneu dedans les Cours des Roys & des Princes, & par nombre de gens de bien: au sentimẽt des plus doctes, il a esté iugé tres-bon Medecin & tres-bon Simpliste. Ainsi les plantes ont trouué de rares personnages qui les ont cheries. Ainsi, dis-je tousjours la Medecine n'a esté dedans la disette des remedes au milieu de la mesme fertilité de tous les siecles passez, comme elle est ores, elle n'a de tout temps esté renfermée de la doctrine des Ergotismes, ny si mal prattiquée qu'elle est maintenant, que l'on l'exerce à guise des habits, à la mode, & de sorte que l'on peut demander ainsi que cét Italien, le Seigneur tel est-il mort? ouy, a-t'il pris vn lauement? ouy, a-t'il esté saigné? ouy, a-t'il encore esté saigné de l'autre bras & son lauement reïteré? ouy, a-t'il esté saigné du pied droict? ouy, & puis du pied gauche, & pris des juleps par interuale? ouy, ô bien heureux, il est mort auec la methode de la Mode. Car la saignée est ordonnée de iour à autre, voire du soir au matin, comme les aposemes. La Medecine est bien tout autre chose que cét Art sanguinaire de la mode, elle a bien plus grande estenduë que des clisteres de son, & d'autres preceptes que ces subtilitez pedentesques dont elle est ores obcedée comme d'vn furieux demon. La Nature sur laquelle elle est fondée est bien plus ample que ne la considerent ceux qui la veulent regler au terme de leur fantaisie, & la borner à la mesure de leur capacité. Son Createur l'a doüée de tant de merueilles cachées à nostre presumptueuse ignorance, que c'est à nous vne tres-grãde temerité de croire en auoir atteint la superficie. C'est pourtant l'erreur que nous commettons; dés l'entrée de l'apprentissage, aux premiers & simples rencontres, nous imaginons auoir penetré ses entrailles & tout sçauoir. Mais bon Dieu quelle distance! Ce que nous pretendons comprendre est si petit & chetif au respect de ce qui est caché & incogneu, qu'il n'a aucune proportion, neantmoins nous nous y arrestons, bornant là nostre Maistrise.

A la seconde obiection, que les plantes ne sont pas les seuls remedes à toutes les indispositions, que les mineraux y ont tres-grande part, & sont employez auec tres-heureux succés pour la guerison des maladies. Ie reparts qu'encore que tous les ouurages de la Nature soiét objects de medicaments à la Medecine operatiue, qu'elle se serue de Mineraux entrailles de la terre, & des animaux: toutesfois les vegetaux tiennent le premier rang en son vsage; sa prattique a commencé par eux, & les infirmitez ont receu la premiere guerison de leurs vertus. Mesme auant qu'elle fust redigée en Art, maintes indispositiõs ont esté combattuës par leurs proprietez; & comme ils sont les plus anciens alimens de l'homme, il y a de l'apparence que se sentant trauaillé de maladies, qu'il a plustost jetté son œil, & porté sa main sur les herbes ses familieres, cherchant en elles du secours, que sur les Mineraux que la terre luy receloit dedans son ventre, & que sur les Animaux desquels il n'auoit encore faict essay: au moins le Ciel protecteur de ses mouuemens, luy en pouuoit bien donner autant de cognoissance qu'au reste des sensibles, veu le besoin qu'il en a, luy qui participe à toutes leurs infirmitez: estant Epileptique auec l'Elan & la Pie: vertigineux, auec le Mouton & le Bouc, souffrant la Squinancie auec le Bœuf: la Fieure & la palpitation de cœur auec le Cheual & le Lyon, estant encore plus goutteux que tous les animaux salaces, plus graueleux que les oyseaux de proye, plus ladre que le Porc, le Pigeon & le Liéure, voire plus enragé que le Loup & le Chien. Car les brutes qui n'ont pour conduitte qu'vn instinct & vn iugement du sens, s'addressent sans autre instruction, aux Plantes propres à la cure de leurs maux, & s'en seruent heureusement à leur besoin. Mesmes les hommes ont appris l'vsage de quelqu'vnes d'elles. Les oyseaux de proye tirent volontiers l'Absinte, pour se faire la mulette; Par eux, ce croy-je, les Alemans se sont instruicts de sa valeur; ils en composent vn vin pour prendre à l'entrée du repas, afin d'ayder à la digestion: Les mesmes oyseaux, principalement les Esperuiers, ont donné le nom à l'herbe surnommée de l'Esperuier, parce qu'ils en vsent pour s'esclaircir les yeux. La Belette a fait cognoistre que la Ruë est excellente contre les venins. Les Arondelles cherchent la grande Esclaire pour la veuë, on la met en vsage pour mesme effect. Le Serpent se subtilie les yeux par le Fenoüil, recognu pour oculaire. Le Cerf blessé mange le dictame, duquel on se sert pour les playes. Bref il y a tres-peu de bestes qui n'ayét recours à quelques plantes pour en tirer du soulagement, & pas vne d'elles n'vse des Mineraux. I'auoüe bien que l'homme plus artiste qu'elles, s'en sert; mais pourtant l'Art n'en est ny si cogneu, ny tant certain que des plantes; & puis se sont subjects tres-esloignez de sa nature; le hazard est plus ordinaire en leurs effets, que la raison; il faut de bons & iudicieux Maistres pour les approcher, preparer, & rendre familiers à la complexion humaine: là où les Vegetaux n'ont besoin de tant d'aparat, desia il en tire sa principale & plus saine nourriture, & sans eux difficilement peut-il viure: mesme des plus fascheux & sauuages l'Art a trouué les correctifs, & non tousiours des Mineraux, tesmoins les mauuais accidens escheus à ceux qui en ont trop librement & abandonnement vsé. Ie ſçay que pluſieurs propoſent d'en tirer l'oyſeau d'Hermes: neantmoins iuſques à maintenant perſonne ne s'eſt veritablement vanté, ny par experience n'a monſtré qu'il l'euſt rencontré, non pas ſeulement la teincture du Soleil, quoy que leurs liures ſoient tous pleins des receptes de telle prattique. Et quand il faudroit des Mineraux pour la Medecine: Ie dis qu'vn bon Artiſte peut trouuer dedans les plantes ce qui luy fait beſoin: Elles ſont eſcloſes de la terre, & beaucoup tiennent qu'elles viuent en partie de la reſolution des Mineraux. Cela eſt aſſez recepuable puis que d'elles on tire des Cauſtiques meilleurs que ceux des Mineraux; des Eſprits acuts vulgairement nommez Eaux-fortes & de ſeparation; ayant vertu de diſſoudre les plus ſolides Metaux, des ſels, des eſſences, ou huille ſubtiles, des Baulmes, des Cliſſus, des Sangs, & autres œuures qui ne ſont pas en la commune prattique, comprenant vne grande partie de ce que les Mineraux nous peuuent fournir, & que ie peu monſtrer, cela eſtant de mes trauaux & de mon experience.

A la troiſieſme, que quand bien les plantes ſeroient ſi fort neceſſaires pour la Medecine: qu'elles ne ſe peuuẽt cultiuer icy comms és lieux chauds, ainſi qu'à Montpellier; & que les plus aſſeurez & eſprouuez des vegetaux viennent des Indes où ils croiſſent. Ie responds que c'eſt vne tres grande erreur de croire que noſtre terre ſoit deſtituee des plantes neceſſaires à la gueriſon de ſes maladies; c'eſt aſſeurément nommer la Nature maraſtre, & injurier le Ciel en noſtre ignorance, de vouloir que tant d'herbes, d'arbres & d'arbriſſeaux ſoient ſans vertu: Comme ſi Dieu en leur creation y auoit oublié ſa benediction, & ne leur auoit donné, ainſi qu'au reſte des produicts de la terre, des vertus contre nos maux. Il ne ſe remarque pas que les fruicts & les ſemences du Leuant & du Midy nourriſſent plus graſſement leurs peuples, que celle du Septentrion leurs habitans. La prouidence Diuine a voulu que chaque region euſt dequoy ſe ſatisfaire: Et de meſme que les plantes qui nous fourniſſent noſtre pain iournalier ſont tresbonnes, & nous nourriſſent tres-bien; ſemblablement celles qui ſeruent à la Medecine ſont eſgalement efficacieuſes à nos langueurs. Auſſi ſans aller chercher ſous des paralleles eſloignez les drogues, parades des boutiques vſagers en la gueriſſante, nous les trouuons dedãs nos campagnes, au frais de nos eaux, à l'ombre de nos bois, & ſous nos pas, ayãt la vertu de la Rhubarbe, de l'Aloës, de la Caſſe, du Senné, & des plus fines eſpiceries, voire la douceur du Sucre. Le Frangula & la racine de la groſſe Patience valent la Rhubarbe, bien prattiquée, les effects en ſont meilleurs: l'Abſinte nous profite autant que l'Aloës, les Prunes & le Nerprun, que la Caſſe & les Tamarins, l'Empetrum & le Baguenaudier, que le Senné: nous auons encore le grand Titimal laurier, pour le Turbith, & tiens que c'eſt le vray Turbith: de plus nous auons le blanc & le noir Ellebore, le Concombre ſauuage, la Gratiola, le Bois-gentil, le Cabaret, l'Hieble, le Sureau, les Catapuces, les Eſules, & nombre d'autres plus propres à combatre les maladies, tant pour euacuer les deux biles & la pituite, que pour purifier le ſang, que tout ce que l'vne & l'autre Inde nous peuuent fournir. Pour les eſpiceries, la graine de Seneué préuaut à coroborer l'estomach, le poyvre; elle resiste autant ou plus à la pourriture, elle inscise & dissipe le gros flegme, pour cela est elle propre aux graueleux; le Pouliot, l'Origan, l'Alliere, & celle qu'on nomme Moutarde, pour son goust approchãt de celuy d'vne composition ainsi nommée, sont tresbonnes pour dõner la pointe aux viandes: Qui voudroit meilleure saulce que celle du gros Naueau, tant en vsage chez les Alemans? Ne cultiuons nous pas le Thim, la Marjolaine, le Mastic, le Basilic, les deux Senriettes, le Coc, la Sauge, le Rosmarin, l'Hysope, le Persil & beaucoup d'autres, dont la douce odeur & l'aggreable & piccante saueur donnent sainement le haut goust aux saulces? Le Saffran est meilleur au Gastinois qu'ailleurs; l'Ail, l'Oignon, les Eschalottes & les Ciboules que l'on transporte en si grande quantité en Leuant pour l'estime qu'ils en font plus que des espiceries, monstre assez la bonté de nos plantes. N'auons nous pas aussi pour la delicatesse le Fenoüil, l'Anis, la Coriande & le Myrrhis. Pour la douceur du Succre, le Regueliſſe la possede: Il y a methode cognuë pour faire de son suc des pains gros & grãds comme ceux des cannes de Madere; sinon si blancs & si delicats, au moins à semblable vsage; les peuples Septentrionnaux auant la profusion du succre, s'en seruoiẽt en leurs delices. Nous sommes tres-asseurez par la raison & par l'espreuue, que nos plantes espicées nous sont plus conuenables & propres que tout ce que les pays chauds nous fournissent, & tiens que ces denrées seruent plus au luxe des oysifs, & au gain du marchand qu'à nostre besoin: Les Cordiaux & Alexitaires ne nous manquẽt pas aussi: l'Ange-

lique

lique, l'Imperatoire, la Scorzonaire, vont du pair auec le Contra-yeruas & le Zedoar. Les Ariſtoloches, la Gentiane, la Tormentille, le Scordion, la Roine des prées, le Marrube odorant, l'Aunée, l'Aſclepias, l'Arcangelique & tant d'autres, ſont tellement excellentes contre les maladies Endimiques, & Epidimiques, & contre les venins des animaux & des Mineraux que le Leuant & le Ponant auroient de la difficulté à nous en enuoyer de meilleures. Nous auons en nos plantes outre ces proprietez dependantes de toute la ſubſtance, de celles qui operent par les premieres & ſecondes qualitez, eſchauffantes, rafraiſchiſſantes, deſſeichantes & humefiantes. Des emoliantes, incraſſantes, rarefiantes, aſtringentes, attirantes, repouſſantes, ſubtiliantes, relaſchantes, condenſantes, & autres ſemblables que nos anciens nous recommandent. Que ſi nous n'auons les parfums de Sabée & ceux de l'Arabie, nous auons pourtant dequoy contenter noſtre fler. Les Roſes, les Lis, les Aſpics, les Lauandes, la Marjolaine, le Thim, le Maſtic, la Mante, la Meliſſe, le Tilleuil, le Muguet, le Cheure-fueil, le Iaſſemin, le Souchet, l'Iris, & mille autres, deſquels nous pouuons faire de tres agreables parfums: Le Baume ne nous defaut pas auſſi, nous en auons de tres-bon, le Pin, le Sapin, le Theda, l'Orme, le Geneurier le produiſent: nos Mers nous jettent encore l'Ambre gris: de ſorte que ſans ſortir de la France nous auons tout ce qui nous fait beſoin. Meſme au beau milieu de ſon ſein ſont ſcituez les hauts monts d'Auuergne, expoſez à tous les vents du monde, pour y faire naiſtre ſur leurs belles crouppes de toutes les plantes. Ainſi ce que les autres contrées fornissent à leurs nourrissons pour les conseruer en la vie, & en la santé, la France & le terroir Parisien le donne aux siens à suffisance. C'est aussi en vain que de crasses esprits disent que la chaleur n'est icy puissante pour les plantes comme à Montpellier, puis que l'on leur peut repartir que ce lieu n'est pas la matrice de toutes les plantes. Car il n'y a si petit endroict, ny si chetif coing de prouince, qui n'aye quelque chose de particulier. Il faut chercher le Persil de montage au petit Tertre nommé le Mont-Valerien proche Suresne; la petite Iacinte Autumnale au bois de Boulongne, non par tout le bois, mais à vn seul endroit, nulle part ailleurs trouuée, elles ne sont à Montpellier: voire j'ose dire que sa situation a plus de peine & moins de rencontre à esleuer les plantes Septentrionnales, que nous les Meridionales, les Palmes ont germé icy, & la canne de Succre y a pris racine, & sçay asseurément que là se cultiuent auec tres-grande difficulté le Mirte Aleman, les Lonchitis & le bulbeux nombril de Venus, & autres en plus grand nombre qu'ils ne nous peuuent fournir des leurs.

Ie penserois auoir assez reparti aux trois obiections ennemies pour fermer ce discours, n'estoit que j'entends encore gronder, que s'il est vray que nos plantes soient efficacieuses & peuuent remedier à toutes nos indispositions. Pourquoy faut-il que pour les maladies transplantées parmy nous, & en nostre prouince, l'on aille chercher és estrangeres, d'où elles viennent, les remedes à leur malice, comme au mal Indien, surnommé de Naples; le Gayac, la Squine & la Salcepareille; &

pourquoy tant de maladies ordinaires & communes demeurent elles sans remedes à la rencontre des plus sçauans Herboristes?

Ie responds à la premiere de ces deux attaques: Que si l'ambition & l'auarice des hommes ne les eust portez delà les Mers, ils n'eussent rapporté ce fleau de la desbauche, ny necessité les affligez à chercher les moyens d'en adoucir la cruauté, & d'en combattre le venin. Le mal est estranger, aussi est le remede, & ne voudrois opiniastrement nier en telle occurrence, qu'vne Prouince ne peust secourir l'autre, voire és choses ordinaires. Neantmoins contre cette punition du peché, il se trouue en nos bois & buissons, & parmy nos guerets, des plantes qui bien & iudicieusement employées la combattent & vainquent, (Dieu pardonnant la faute) comme le Fresne, le Bouïs, le Geneurier, le Baguenaudier, le Liset picquant, la Sauonaire, la Cuscute, la Fumeterre, le Chardon benit, la Tapsia, & autres, desquelles ie sçay s'estre fait de belles cures.

Quant à l'autre attaque; pourquoy tant de maladies ordinaires & communes demeurent sans remedes à la rencontre des meilleurs Herboristes. On peut ce me semble respõdre ces deux raisons: que les causes des maladies ne sont pas tousiours bien cogneuës, & que ceux qui professent maintenant la culture des plantes, s'amusent seulement à les cognoistre de nom & de veuë, & non de vertu pour l'vsage: ce qui est assez euident, puis que ceux qui les ont obseruées, ont tres-heureusement reüssi en leur application quand ils s'en sont seruis, comme Pena & la Riuiere. Ioint que si cette estude tombe en la main de la vulgaire prattique, elle n'a garde de rencontrer, puis que par elle les moindres infirmitez sont delaissées pour incurrables. On court aux symptomes, encore qu'ils ne soient pressans; on diuertit quelques causes prochaines sans les oster; les farouches & esloignées ou antecedentes ne sont pas simplement touchées, tesmoin, que les maladies recidiuent ordinairement. Et puis pour les plus importantes, elle n'a que la saignée & la purgation en estime; desniant les vertus specifiques aux Plantes, & les principales proprietez (que tāt d'Autheurs ont recogneuës pour veritables & les principales en l'Art,) comme si l'Art consistoit en ces deux operations.

Que si l'on cherche la cause de ces deffauts l'on trouuera que de mauuaises maximes & diuerses opinions leur ont donné l'entrée, & verifié ce triuial prouerbe: autant de testes, autant d'aduis. Prouerbe tres-impertinent en la Medecine, elle qui doit auoir des principes certains, & fondez de raison, dont les aduis doiuēt estre semblables, ainsi que la raison en est vne. C'est neantmoins de cette part qu'elle est le plus deschirée, & d'où sont sorties tant d'heresies & de sectes qui l'ont reduitte au mauuais poinct où elle est maintenant. Car aussi bien que les autres choses que le temps façonne, remuë & change, elle a receu & reçoit ses alterations, son commencement & progrés, & encore l'estat auquel elle est à present, tesmoigne ce qui en est. Il ne faut qu'estaler au racourcy ses variables rencontres en la suitte de ces années, ses differentes sectes & leurs opinions pour le voir.

Les sainctes lettres nous enseignent qu'elle a pris son

commencement du tres-haut, & que Dieu faict naiſtre les medicaments de la terre: Mais quoy qu'il l'ait donnée toute parfaite, aucune choſe ne venant de cette puiſſante main qui ne ſoit de telle condition: l'hõme changeant & pecheur n'a laiſſé de la deſprauer, ainſi que tous les autres biens qui luy ont eſté baillez en depoſt pour ſon vſage de cette part: & de temps à autre perdant ſa premiere lumiere, l'a chãgée, y introduiſant des ſectes qui l'ont reduitte aux tenebres où elle eſt ores enſeuelie.

Mais encore que nous ſçachions tres-aſſeurément qu'elle vient du Ciel, & que les Egyptiens & les Hebrieux, ce peuple eſleu affirment l'auoir eu auant les Grecs, voire auant tous les peuples de la terre, croyant l'auoir receuë de Dieu par les mains de Moyſe: Nous ne pouuons pourtant nier qu'elle ne nous vienne prochainement de la Grece, n'ayant aucun memoire que les Druides premiers ſages Gaulois nous l'ayẽt laiſſée. Pour cela ſans nous amuſer aux fables qu'elle fut inuentée par le Dieu Apollon qui l'enſeigna à ſon fils Eſculape, & celuy-cy à ſes deux enfans Machaon & Podalire: il nous faut aduouër auec nos vieux Peres, qu'elle n'a paru en ordre & auec forme d'Art que du temps d'Hypocrates que l'on aſſeure auoir eſté le premier qui l'a tirée du cahos & de ſon rude eſtat, luy donnant ſa premiere poliſſeure. Et de vray nous n'auons point de plus anciens & de plus aſſeurez aduis que les ſiens. Auſſi a-t'il eſté chef de la ſecte rationnelle, ayant fourny d'armes pour combattre l'Empirique & la Methodique. Car en la changeant face de toutes les choſes, la Medecine a eſté diuiſée en trois ſectes principales qui l'õt maniée à leur guiſe, chacune ſe ventant d'auoir trouué le parfaict.

Les Empirics ſemblent auoir pris pour fondement de leur ſecte ce precepte du ſens : Que nous n'auons aucune veritable cognoiſſance & bon vſage des choſes naturelles que par l'experience, laquelle eſt ſeule capable de nous faire monter par vn long temps de l'effect à la recherche de la cauſe : induits à cette penſée par la remarque qu'ils ont faite, que toutes les deſcouuertes ſe sont rencontrées par hazard, ou par le tenter, ou en ſonge, ou par comparaiſon, ou par reuelation, ou par communiquation: & que l'experiēce eſt le principe & la meilleure conduitte de tous les Arts: Que c'eſt par elle que l'on ſe doit gouuerner en la Medecine, ſoit imitant ce qui a ſuccedé en ſemblable object, ſoit pour l'inuention, comparant la choſe à faire, à la faite, & ſoit tranſportant la choſe cognuë à la conjecture d'vne autre. Cette ſecte a eſté aſſentie par Philinus, Serapion, les deux Apollonius pere & fils, par Glaucias, Menodotus, Sextus, Heraclides Tarentin, & beaucoup d'autres, au rapport de Galien. Meſme ſon Maiſtre & concitoyen Aeſchrion en eſtoit-il le ſurnommé vieillard, tres-experimenté és remedes, auſſi a-t'il eſtimé que l'Empiric eſtoit le bras droict de la Medecine Rationnelle. L'on dict qu'Acron Agrigentin en fut l'inuenteur. Maintenant telle ſecte ne ſe trouue ſeparée que parmy les gens ſans lettres.

Les Methodics faiſoient l'Art tres-bref comme de ſix mois, clair & facile, conſiſtant ſeulement en deux communitez, Aſtriction & Fluxion, celle là vne ſuppreſſion de ce qui ſe doit euacuer, & celle-cy vne euacuation des choses qui doiuent estre retenuës, comme s'ils vouloient prendre leur fondement en la definition qu'Hypocrates donne à la Medecine, que ce n'est que substraction & addition: à ces deux premieres communitez absoluës, ils en adjoustoient vne troisiesme mixte, comme la fluxion à l'œil, auec inflammation: parce que selon eux, l'inflammation est astriction & vne qualité chaloureuse retenuë cõtraire à la fluxion, pour laquelle il faut vn differend remede. Mais lors qu'ils se rencontroient à tels maux, ils couroient au plus vrgent: Traittant d'ailleurs les malades sans considerer le temps, la region, le lieu du mal, sa cause, l'aage, les forces, la complexion & habitude du malade, & autres particularitez necessaires: ils auoient seulement esgard aux accidens desquels ils prenoient leurs indications. Et quoy que ces communitez n'ayent pas eu trop bon fondement, elles n'ont laissé d'estre embrassées, & d'auoir rencontré qui les a soustenuës. Car des esprits faineants (ordinairement superbes) l'ont appuyée à cause de sa brefueté, tels qu'vn nommé Thessalus Tralianus, du temps de Neron, Menaseus, Proclus, & Antipater. En nos âges elle ne paroist point parmy nous, & semble estre du tout esteinte, sinon que la prattique sanguinaire a beaucoup de ressemblance à cette secte Methodique, & l'imite bien fort.

Les Dogmatiques & rationnels sont ainsi nõmez, parce que supposé leurs principes, ils procedent à la cure des maladies par ordre & raison. Ils commencent par la cognoissance de leur sujet, le corps humain, soit en general ou par les parties: ils obseruent les symptomes, &

cherchent les causes des maladies, puis considerent l'âge, le temps, les saisons, les mœurs, les forces, le manger & le boire, l'air & le lieu, & autres accidents; desquels rapportez à leur sujet ils prennēt leurs indications; fondées sur cette generale maxime, que les contraires guerissent les contraires. L'on donne, comme nous auons dit, le premier lieu de cette secte à Hypocrates, d'autant qu'auant luy la Medecine n'auoit tel ordre. Il a esté suiuy de Diocles, de Praxagoras, d'Herophile, d'Erasistrate, de Mnesitheus, d'Asclepiades, & de plusieurs autres. Six cens ans apres est suruenu Galien, que l'on tient auoir parfaict l'ouurage, ayant fidellement expliqué les lieux obscurs d'Hypocrates, & judicieusement suppleé aux obmissions, de sorte qu'en la secte rationnelle il a obtenu le secōd lieu: voire quelques vns estimans son œuure acheuée, luy donnent le premier en excellence. En suitte de luy sont sortis Auicenne Arabe tres grand Philosophe, Aretæus, Ruffus Ephesien, Oribase, Paul Ægínete, Aëtius, Alexandre Trallien, Actuarius, & Nicolas Mirepse Grecs. Puis Corneille Celce & Scribon Largus, Latins. Tous ont puissammēt trauaillé à l'enrichissement de cette secte, laquelle paroissoit lors auoir supedité les deux autres, excepté que pour se rendre plus puissante au sentiment mesme de Galien, elle a rangé à ses preceptes l'Empirie ou experïence, sans laquelle elle ne seroit pas tant recommandable; parce qu'elle luy fournit de remedes les plus asseurez pour ses cures.

C'est le principal estat de la Medecine, iusques au debris de l'Empire Romain, & au temps de ces grandes inondations des Goths, Vuandales, Huns, & Alains, enuirõ l'an 400. de la naiſſance de Ieſus-Chriſt, qu'elle tõba en vne profonde nuit. Non ſeulemẽt la Medecine fut delaiſſée mais encore toutes les autres ſciẽces: maintes bibliotecques cõtenãt diuers volumes des profeſſiõs furẽt bruſlees, il reſta ſi peu de veſtiges des lettres par l'eſpace de pluſieurs cẽtaines d'années, que iamais ſiecles ne furẽt plus ignorans. Ce peu qui ſe conſerua demeura entre les mains des Moines, tant à cauſe qu'ils eſtoient les ſeuls lettrez, que parce qu'ils faiſoient les Bibliothecques, y conſeruant les liures, leſquels auſſi ils coppioient, ſoit volontairement ou par penitence que leur donnoient leurs Superieurs, l'Imprimerie n'ayant paru en l'Europe que long temps apres. De ſorte que depuis ce temps iuſques à celuy de Charlemagne, il ne ſe remarque de grands hommes lettrez que des Moines: Meſme ce fut à la priere de ſon Maiſtre Alcuin Abbé de S. Martin de Tours que ce grand Roy inſtitua l'Vniuerſité de Paris. Seuls donc eſtimez Clercs, ils manioient les ſciences; la Medecine eſtoit en leurs mains, on les nommoit Phiſiciens, & alloit-on à eux pour prẽdre aduis ſur les infirmitez, eſtant reclus ils ne viſitoient les malades; par le recit du mal, & voyant les vrines que l'on leur portoit, ils iugeoient de l'indiſpoſition, & ordonnoient les remedes. Et parce qu'ils n'operoient de la main, ny ne preparoient les medicaments: pour l'vn ils appellerent à leur ayde les maiſtres des Eſtuues, & pour l'autre les Eſpiciers. Ainſi fut de ce temps la Medecine operatiue diuiſee en trois, auant vn Medecin faiſoit le tout ſi bon luy ſembloit: tel a eſté Galien. Eſtant de la maniere tombee en leur pouuoir, elle eſtoit prattiquée ſelon l'Autheur qu'ils auoient, ou qui leur plaisoit le plus : ils n'estoient altraints ny obligez d'aucun serment, ny ne juroiét aux paroles du Maistre, Docteurs par leur propre licence, ils disoient faire à l'exemple d'Hypocrates & de Galien qui ne furent oncques Docteurs de l'Escolle de Paris.

Quelque peu apres l'establissement des Vniuersitez, les sciences commencerent à sortir des cloistres, & la Medecine peu à peu retourna chez les seculiers; les Nobles y prirent part, leur santé les y conuioit, des riches bourgeois les suiuirent: & des hommes vertueux la firent paroistre au iour. Principalement aux trois derniers de nos siecles, que Pierre Apponance, Arnauld de Villeneufue, Faloppe, Andernac, Vessale, Auger Ferier, Fernel, Ollier, & beaucoup d'autres firent voir leurs pensées, & les firent voir telles, que si leur loüable dessein eust esté secődé de leurs suiuãs, sans doute la Medecine seroit montée à vn grãd degré de perfection. Mais comme les sciences estoient au chemin de leur gloire, lors qu'il n'y auoit que les belles ames qui les recherchoient, pour l'amour de la vertu : Aussi se sont-elles rencontrées dedans la fange, quand elles ont esté estallées à la veuë des courages vils & bas, & que les esprits Pedans les ont gouspillées, en ayant pris l'entrée par le bon marché que l'on a faict des lettres. Les Nobles faschez de les voir prophanees par des mains roturieres, en eurent vn grand degoust; cela n'a pas esté plustost conneu, que des hommes de Bouë se sont enhardis d'entrer dans leur sanctuaire, de les tirer aux cheueux, & de les rendre vilainement mercenaires. La Medecine n'a point eschappé cette misere, elle a esté comme les autres Arts liberaux reduitte à vn ſale meſtier. Des Pedants dont maintenant elle eſt miſerablement ſoüillée, non ſeulement ont commis ce ſacrilege, mais encore l'ont toute ruinee, de ſorte qu'elle eſt ores en leurs mains le meſtier le plus abiect de tous. Non contents d'eſtre coulpables de ces crimes, inſupportablemẽt orgueilleux qu'ils ſont d'auoir quitté le Riuet, ou le Rabot de leurs peres, & prochainement la Pedenterie leur premiere gloire qui ne les abandõne pourtant pas, remplis de ſorte d'Enuie & de Mediſance, que l'on ne ſçauroit remarquer en eux aucun traict d'honneur ny de preudhommie, ils ne veulent ſouffrir que l'on redreſſe cette protectrice de la ſanté des hommes de ſon penchant, ny que l'on la retire de la cheute qu'ils luy preparent, introduiſant vne nouuelle ſecte, cõme ſi c'eſtoit à eux ſeuls l'heritage. Ce n'eſt pas qu'il n'y ait encore des ames vertueuſes, à qui ces faſcheux accidents de la Medecine deſplaiſent, Montpellier en a fourny de tout temps, elles ſont pourtant en petit nombre au reſpect de celles de la ſecte ſanguinaire; toutesfois aſſez pour faire voir que Dieu n'eſt iuſques à ce poinct irrité contre l'humaine condition, qu'il veuille permettre qu'vn Art ſi digne periſſe.

Or cette nouuelle ſecte qui manie la Medecine à la mode, à güiſe des habits, & qui l'a tant auilie, a pris ſon origine & ſa naiſſance depuis 50. ans d'vn nommé Botal, dont les ſectaires ont eſté nommez Botaliſtes. Cet homme de ſang n'a pas craint de dire, qu'il a cogneu & ſceu certainement que la ſaignee eſt plus puiſſante en la Medecine, pour la cure de la pluſpart des maladies, que tous les autres remedes enſemble. Et de meſme que les

Egyptiens pretendoient guerir toutes les maladies par le feu, il asseure que de ce remede l'on doit guerir toutes les maladies, en tout temps, âge, & sexe. Cette opinion prouuee par diuers textes d'Hippocrates & de Galien, à qui on tord le nez, a tellement pleu aux faineants & paresseux, tant par sa facilité & brefueté, que parce que elle les exempte du trauail de la recherche; qu'ils ont laissé, voire oublié tous les autres remedes pour s'arrester à ce destructeur de la vie; Ainsi les plantes ont esté delaissées, ainsi tout ce que l'antiquité a descouuert auec peine & labeur, & tous les fruicts de leurs descouuertes ont esté méprisez pour espancher du sang. Erreur qu'ils ont mesme introduite en la pensée de ceux qui ne sçauent que c'est de l'Art, & la cherissent de telle sorte que si Dieu n'y met la main, il sera tres-difficille de les tirer du sang pour les remettre au bon sens. Pratiquant de la maniere meritent-ils le nom de Rationels, que leur sert la cognoissance de leur suject, de sçauoir son temperament, âge, sexe, mœurs, & luy rapporter le temps, le lieu, la saison, le boire & le manger, le veiller & le dormir, les agitations de l'esprit, & autres accidents, pour descendre des causes primitiues aux antecedentes, & de celles cy aux conjoinctes s'il ne faut que la saignée pour toutes maladies, pesonnes, âges, sexes, & en tout temps? N'est-ce pas estre methodique, & par deux communitez, euacuation & restablissement, qu'ils accomplissent, l'vn par la saignée, & l'autre par la nourriture succulente qu'ils ordonnent à toutes heures à leurs malades, mesprisant tous les autres remedes que nous fournit l'amplitude de la Nature, comme les anciens methodics?

Cette grande playe en la Medecine la navrant presque iusques à la mort, a esté enuenimée par vn nombre innõbrable d'Alchimistes, chercheurs de pierre philosophale vulgairement nommez souffleurs & Empirics, differants pourtãt de ces anciens Empirics qui par l'experience cherchoient les remedes en toute l'estenduë de la Nature: car ces derniers tirant leur nom du feu cõme les autres de l'obseruation, n'ont en recommandation que quatre Mineraux, soit cruds ou trauaillez par le feu, dont ils veulent extraire les remedes pour toutes les infirmitez du corps humain, le Soulfre, le Vif-argent, le Vitriol, & l'Antimoine, ausquels ils donnent diuers visages & vsages, delaissant les vegetaux comme foibles & debils, ainsi qu'ils disent, pour la cure des indispositions. Et quoy que ces remedes ayent beaucoup de deffaut, neantmoins quelques vns des plus hardis de la secte sanguinaire voulant faire vn peu dauantage que leurs compagnons, en empruntent la plus grande part. Car je sçay qu'il y en a qui vsent (mais en cachette) du Saffran des Metaux, qui n'est autre chose que Salpestre & Antimoine brussez ensemble dans vn creuset, dont sort vne masse tannée, qui, reduitte en poudre, est iaune: d'où elle tire son nom de Saffran. D'autres vsent de precipite rouge, c'est du vif-argent dissoult en eau de separation, duquel on a retiré l'eau par distillation, & le restant pressé par le feu, iusques à ce qu'il ait acquis la couleur de soucy: d'autres vsent d'aigret de Soulfre, d'huile de Vitriole, de Sublimé dulcifié, & semblables, dont ils sçauent les proprietez & les vsages, également auec ceux desquels ils empruntent tels remeds.

Ces ſouffleurs prennent pour Patron vn Aleman, dit Paracelſe, dont auſſi ils ſe font nommer Paracelſites, lequel premier (en ce qui nous paroiſt) s'eſt oppoſé à la Medecine ancienne, principalement aux aduis de Galien. Renuerſant la Philoſophie d'Ariſtote, & les preceptes des Grecs, il s'eſt trouué l'Autheur d'vne ſecte dont nos plus vieux deuanciers n'ouïrent oncques parler. Preſuppoſé ſes principes, elle paroiſt auoir vne grãde ſuitte de raiſons, & eſt plus hardie que toutes celles qui l'ont deuancée. Comme la Rationnelle, elle contẽple ſon ſujet en toute ſon eſtenduë: Mais elle aſſeure que l'homme & tous les corps mixtes naturels ne ſont compoſez des quatre Elemens, ains ſeulement, de ſel d'huille & de ſubtil, qu'elle nomme ſel, ſoulfre & mercure, auec leſquels en la conformation des produicts ſe rencontrent les deux Elemens, la terre & l'eau, non comme neceſſaires aux compoſez, mais comme matrices meſlangées en toutes choſes: D'autant qu'elles ſont les deux generaux receptacles, tant des ſemences que des trois principes corporels, ſel, ſoulfre & mercure, dont toutes choſes ſont faites. Elle nie que les quatre premieres qualitez ſoient effectrices & cauſe des effects naturels, ſimplement auouë-t'elle qu'elles ſont inſtruments des formes: ſouſtenans que les formes ſeules ſont actiues, parce que d'elles procedent toutes les forces & vigueurs des generations & productions, donnãt aux ſujets qu'elles auiuent les qualitez, les quantitez, les conformations, les odeurs, les ſaueurs & les couleurs. Elle s'efforce de prouuer que les maladies principales & celles qui ſont ſoubs leur genre, ont des ſemences qu'elles germẽt, ſelon l'ordre de leurs ſaiſons, ſi elles ne ſont empeſchées par des cauſes, retardant leur action. Et comme ſemences qu'il aduient ſouuent qu'elles ſe tranſplantent d'vn ſujet en vn autre, ainſi la goutte eſt hereditaire: & la lepre contagieuſe, ne nommant maladie les fractures & luxations. Elle ſe rit de cét axiome, que les contraires ſont gueris par leurs contraires, diſant au rebours que les ſemblables gueriſſent les ſemblables, mais en differente diſpoſition, que ſi la maladie eſt en la matiere ſalée qu'il luy faut vn ſel pour la guerir, comme au ſel reſoult, le ſel coagulatif, ou deſſeichant. Le ſemblable à l'huilleuſe & à la ſubtile. Elle eſtime que les eſſences des choſes par la maniere qu'elle donne de les extraire, ſont plus propres pour remedes contre les maladies faſcheuſes & rebelles ou aſtrales, ainſi qu'elle les nomme, que les groſſes ſubſtances des corps, faiſans trois eſpeces generales de maladies par leurs cauſes: de Minerales, de Vegetales, & d'Animalles. Elle affirme que les Mineneraux contiennent les remedes des maladies Minerales, les Vegetaux des Vegetales, & les Animaux des Animales. Neantmoins que de quelques vns des Mineraux ſe peut tirer la Panacée, le medicament vniuerſel contre toutes les infirmitez, admettant par ſon moyen gueriſon à la lepre, à l'Epilepſie, à l'Hydropiſie, à la goutte & à leurs annexes. Ainſi que la Rationnelle, elle s'efforce de cognoiſtre ſon ſujet, par la diſſection, voire le renuiant ſur celle là, elle le contemple par vne double anatomie, l'vne qu'elle nomme de vie; & l'autre de mort: celle là encore double; l'vne à la façon ordinaire, qu'elle nomme des parties, l'autre des ſubſtances, diuiſant les parties en tres-differentes substances, & selon l'analogie qu'elles ont à celles ausquelles elle les compare; s'efforçant par là de donner raison pourquoy le Cancer s'engendre plustost au sein & à la matrice qu'ailleurs; pourquoy le Noli-me-tangere, aux genciues & levres, qu'autre part; & pourquoy telle maladie germe & vegete plustost icy, que là? En l'anatomie de mort, elle cherche les causes & les semences des maladies. Elle considere encore entre les membres principaux, des liaisons, conuenances, accords, amitiez, & discords, comme entre la Ratte & les Reins vne grãde inimitié; entre la Ratte & la Matrice perpetuelle guerre, nommant la Ratte Saturne, & les Reins & aussi la Matrice Venus: elle donne pareilles rencõtres à ces parties & semblables passions qu'aux Astres, sous lesquels elle les range, voulant que si Saturne mal affecté influë en la Sphere de Venus, qu'il cause des incommoditez de sa nature, & ce, suiuant qu'il est puissant & elle debile, ou selon qu'elle est forte & qu'elle resiste à ses mauuaises impressions. Elle obserue au corps humain, les esprits naturels, vitaux & animaux & leurs facultez, sous vne mesme forme, à laquelle ces esprits & facultez sont instruments, donnant neantmoins à chacun sa vertu rapportée au mouuemẽt de l'astre qui le regit. En la cure des maladies, elle a esgard, aux temps & saisons, à l'âge & sexe, aux lieux & mœurs, à l'eau & l'air, au boire & manger, à l'agitation & repos, au veiller & dormir, aux excretions & retentions, & aux agitations de l'esprit, puis à l'espece de maladie. Elle assigne de particuliers emunctoires à la sueur que ses deuanciers n'ont point cogneu; sçauoir à celle

qu'elle

qu'elle nomme excrementeuse le derriere des oreilles, sousles aisselles & aux aisnes, parties glanduleuses, nommant l'autre simptomatique, & soustient que les maladies sont substances; s'efforçant de le demonstrer. Elle met en la Medecine trois parties ou intentions, la curatiue, la deffensiue, & la vie prolongatiue, lesquelles doiuent estre fondées sur ces quatre colomnes, Philosophie, Chimie, Astronomie & Vertu, ou Preud'hommie, desniant absolument le nom de Medecin, à celuy qui ne les possedera, se gouuernant au reste, totallement auec raison & iugement, selon toutes ses maximes & autres qui restent à dire.

Cette secte ainsi entenduë a esté estimée de plusieurs grands personnages. Entre les Septentrionaux & Alemans, de Gerard Dorne, de Crollius, de Schemanus, de Libauius, de Henry Nolle, de Rulandus, de Iean du Rein, & de Pierre Seuerin de Dannemarc, qui auoit commencé à luy donner vn grand ordre. Entre les François, feu le sieur de la Riuiere ne l'a desprisée, il a esté suiuy de Ioseph du Chesne, d'Haruet, de Baucinel, de Claude Dariot, de Mayerne, & de plusieurs autres encores viuans: & depuis que la Medecine a esté donnée aux hommes, il n'y a point eu de si puissante secte. Quelques vns de la Galenique l'ont voulu consilier à la leur, comme Daniel Sennerte, mais il semble que preoccupé de l'vn il n'a pas bien entendu l'autre, n'ayant fait qu'effleurer. Ceux qui la professent ont cét aduantage (qu'encore qu'ils proposent vne nouueauté) que bien demonstrée, elle ne cõtrarie point à la loy de Dieu, ny aux commandemens de nostre Mere saincte Eglise, que plustost elle y est plus cõforme que les autres sectes, ny que les opinions d'Ariſtote. Comme elle pretend en ſa perfection eſtre tres-rationnelle, elle deteſte auſſi les empiriques qui ſe qualifient d'elle, tels que ceux que nous auons cy-deſſus nommez, qui n'ont pour remedes que les Mineraux non plus que les autres, que la ſaignée & le ſenné, & de parfaicts de telle ſecte il y en á tres-petit nombre.

Voyla le commencement, progrés & eſtat de la Medecine iuſques à nous, d'où l'on peut ores puiſer les vrayes cauſes pourquoy tãt de maladies cõmunes & ordinaires demeurent ſans remedes auec les plantes: & ce que nous repreſentõs à ceux qui nous font l'objection.

Que ſi quelque critique opiniaſtre, dit encore preſſé de deſpit, que ce n'eſt pas d'vn Iardin des Plantes Medecinales, ny de la culture de ſes parterres, d'où doit ſortir le reſtabliſſement de la Medecine contre tant de ſectes. Ie luy reparts que le Iardin Royal que ie pourſuis contenant les plus ſeurs inſtruments de la gueriſſante, ſur leſquels on eſtudiera, ſera auſſi la meilleure piece de cette intẽtion. Peut-on ignorer que les plãtes ne ſoiẽt en la Medecine, ce que les eſtoffes ſont aux autres arts? ſans matiere non plus qu'eux, elle n'en ſçauroit ouurer, tous les preceptes des vieux & nouueaux Docteurs, quelques excellens & ſcientifiques qu'ils puiſſent eſtre, ſont autant inutils ſans les Plantes, que les reigles des autres Arts ſans materiaux: En vain diroit-on que les contraires gueriſſent les contraires, ou les ſemblables les ſemblables, ſi les vegetaux accommodez à ces axiomes n'en monſtroient l'effect. Car que ſeroit-ce de la Medecine ſans les Plantes? que ſeruiroit la connoiſſance des maladies, de leurs cauſes & accidents ſans remedes? les ſciences ſont vaines qui n'ont point d'application; & les Arts tres-inutils qui ne rendent aucun ouurage. Il faudroit eſtre de l'opinion de Platon pour les eſtimer, & auoir l'eſprit remply d'idées pour ne cherir que la contemplation. Tous ceux des ſiecles qui l'ont ſuiuy, n'ont pas blaſmé comme luy Archimede d'auoir mis en prattique ſes belles conceptions, & qu'vne main craſſeuſe & mercenaire ait eu l'vſage de ſes rares inuentions. Les plus ſains eſprits de nos aages, aſſeurent que toutes les ſciences doiuẽt ſuiure la cõdition des cauſes dont elles prennent le nom; qu'elles doiuent tendre à quelque action vtile, autrement qu'elles ſont de pures mocqueries. Si la Medecine eſtoit ſeulement contemplatiue, elle n'apporteroit non plus de fruict à la Nature humaine que la recherche de la quadrature, du cercle, ou que la commune meſure du diametre, du quarré à ſon coſté. Mais de toute autre intention que ces creuſes imaginations, apres auoir curieuſement diſcouru des maladies, elle enſeigne la maniere de les guerir, & propoſe les remedes; voire elle les prepare, monſtrant toute glorieuſe par tels ouurages que ces Theoremes ſont vrays.

Pour cette cauſe les premiers Medecins recognoiſſans que les Plantes eſtoient les principaux inſtruments de leur Art, tant pour conſeruer la ſanté preſente, la continuer, que pour r'appeller l'abſente, ſe ſont efforcez de s'inſtruire de leurs vertus par les premieres, ſecondes & troiſieſmes qualitez; des vnes par les ſens, s'ils y peuuent quelques choſes, & de la derniere par l'experience. Mais encore qu'ils ſe ſoient de long temps occupez à cette taſche, ſi ne l'ont-ils finie; & cela pour deux cauſes. La premiere, parce que les premieres & ſecondes qualitez ne descouurent pas quelles sont les troisiesmes qui releuent, au rapport de Galien, de la proprieté de toute la substance; les sens sont mouslez à telle descouuerte. La seule experiẽce y peut satisfaire. C'est elle qui a descouuert que le Frangula & la grande Patience purgent la colere aussi bien que la Rhubarbe, que le Baguenaudier & l'Elebore noire purgent la melancholie, autant que le Senné, le Nerprun & le Turbit, le Flegme; de mesme que les Hermodates. L'autre, que l'on s'est trop amusé à ce peu qu'en ont connu les anciẽs, sans passer plus outre, & bastir vn nouueau Temple à Æsculape, pour receuoir les iournelles experiences d'vn chacun, afin que recueillies par quelque vertueux & docte Medecin, elles fussent meurement considerées, & puis enseignées pour la commune vtilité. Car la vie estant courte, l'Art long, l'experience perilleuse, & l'occasion pressante: vne seule main ne peut suffire à tel ouurage. Mais plusieurs employez à ce dessein, eussent d'vne douce façon essayé ce que les deuanciers ont oublié. Que sçait-on si tant de racines, tiges, escorces, feuilles, fleurs, fruicts, semences, gommes, larmes, & sucs, inconneus de vertu ne contiennent point les remedes des plus fascheuses maladies. Dieu & la Nature ne font aucune chose inutilement. A l'aduenture la goutte rencontreroit-elle quelque remede. L'Epilepsie seroit-elle allegée; la lepre guerie, & l'Hydropisie desseichée. Maintes herbes portent le tiltre de la cure de tels maux dedans leurs histoires, que personne n'essaye. Est-ce pas vne grande lascheté que de tant de Plãtes dont nous auons la description, l'on ne se sert pas de la cẽtiesme partie, encore tres-chetiuement: Mesme de celles qui croissent parmy nous &

de nos domestiques. Il n'y en a pas la vingtiesme partie en vsage, sinon, comme nous auons dit, parmy les villageois qui en cognoissent beaucoup, desquelles ils se seruent auec bon succés, & quelquefois à la honte du docte Medecin, qui n'aura peu guerir vne infirmité, dont ils viendront à bout.

A ces deux inconueniens deux autres ont succedé : le discord des Antheurs traittant de ce sujet, & la negligẽce des professeurs de la Medecine. Les vns ont nommé & figuré vne plante diuersement : les autres en disputent les qualitez & proprietez : de sorte que l'on a beaucoup de peine à sortir de telles difficultez. Mathiole Commentateur de Dioscoride, ne s'accorde pas auec les Moines, ny auec Fusch, & les autres encore ne conuiennent pas tousiours entr'eux, & souuent discordent de Pline & de Theophraste, & pour la diuersité des descriptions, il arriue de grandes erreurs en la composition des remedes: Car ne trouuans ce que les anciens enseignent, l'on prend des substituës : Mais les compositions changées par tels ingrediens, ne respondent aux promesses de leurs Autheurs, ny à l'esperance que l'on en attend.

Quant à la nonchalance de plusieurs, & à l'opiniastreté des autres, principalement des sanguinaires, elle est telle, que si bien tost il n'y est pourueu, la Medecine s'en va au neant, ceux-là se contentent de ce qu'ils ont trouué en l'Art, voire delaissent plusieurs excellens remedes des vieux Docteurs, & ceux-cy veulẽt guerir toutes les infirmitez par la saignée, & auec le Séné, rapportant tous les preceptes de la Medecine à l'vsage de ces deux remedes, ou tout au plus ceux qu'enseignent le docte Medecin vulgaire, abusant du nom de Charitable, sans se soucier de faire iniure à Galien, à Mesué, à Dioscoride, & à toute la troupe des plus iudicieux esprits du vieil temps, qui nous ont escript de cette matiere, & de la nature des Animaux, des Vegetaux, & des Mineraux, pour y puiser des remedes. Car si la saignée & le Senné peuuent remedier à toutes les maladies du corps humain, Galien & ceux qui l'ont suiuy à l'enseignement de si grand nombre de medicaments estoient d'insignes imposteurs. Il n'auroit pas esté seulement inutil à Galien de nous escrire de gros volumes des simples medicaments, & des composez selon les lieux, voire de nous porter à amplifier l'Art par nos trauaux & recherches: Mais encore plus à ceux qui les croyent sans fruict, d'en faire apprentissage; mesme de le nommer Empereur de la Medecine, & l'estimer de cette part vn Charlatan: Ou s'il a obey au bon Genie de la Medecine, c'est vne temeraire malice, ou vne crasse ignorance à ceux qui se surnomment de luy, de mespriser les Plantes: c'est faire à guise des vendeurs du pied d'Elan, qui en font parade & n'en vsent pas, & comme les mauuais ouuriers qui n'ont que deux outils pour leur Art, où il en faudroit mille. La Medecine operatiue n'est pas comme les autres Arts qui terminez ont vn certain nombre d'outils: les siens sont sans nombre, suiuãt les innombrables causes des maladies, & de leurs diuers accidens: Car encor que Galien ait dressé ses Theoresmes à la façon des Mathematiciens, pour en mieux & plus facilement tirer ses cõclusions; que les causes internes des infirmitez soient seulement plethorie, inanition, ou cacochimie, que le sang, la pituite, & l'vne & l'autre bile, en leur deffaut, abondance ou deprauation, ſoient touſiours les cauſes antecedentes des indiſpoſitions du corps de l'homme, ſoit que l'on regarde les qualitez, ſoit que l'on ait eſgard à la ſubſtance morbifique, ſi faut-il plus que ces deux remedes; qu'ils diſent auec Hippocrates que la Medecine n'eſt qu'addition & ſubſtraction, & auec les Methodics anciens qu'ils imitent du tout, comme nous auons monſtré, qu'il ne faut qu'aſtriction & relaxation, & que cét Art n'a que ces deux intẽtions ou communitez: ils ſeront démentis de luy au liure de l'Art, où il aſſeure que les medicaments laſchants & reſſerrans ne ſont ſuffiſans au recouuremẽt de la ſanté, qu'il faut bien d'autres remedes pour rendre l'Art recõmãdable que la ſaignée & le ſenné: Auſſi Galien, Auicẽne, Aece, Oribaſe & les autres, tant Hebreux, Arabes, Grecs, que Latins nous propoſent infinis moyens pour paruenir à ces deux intentions, iuſques à nous deſcrire des compoſitions appropriées aux maladies & aux parties : De là viennent ces noms, Cephalic, Pectoral, Bechique, Cardiaque, Alexitaire, Hepatique, Hiſterique & autres. En quoy paroiſt que la prattique de la Medecine, differente de tous les autres Arts, doit auoir vn tres-grand nombre d'outils, & ſi beſoin eſt en inuenter tous les iours, pour les nouuelles maladies naiſſantes par chaſque reuolution de ſiecle. Et tiens que c'eſt vne grande honte à vn Art ſi diuin, agiſſant par contingence de nõbrer tant de maladies incurables, comme ores l'on fait. Car il eſt à preſumer que fondé ſur la Nature qu'il n'eſt pas vain, & n'eſt pas à croire que cette mere de l'vniuers ſoit maratre iuſques à ce poinct, de nous affliger, ou elle meſme eſtre affligée en nous, ſãs nous ſecourir ou eſtre ſecouruë par nombre de bons & facils medicamẽts qu'elle contient: Mais que nous ignorons & que nostre nonchalãce nous cache. La science, dit Aristote, s'apprend des contraires. La Vertu est conneuë par le vice, la Prudence par la folie, & la santé par la Maladie. Or la santé se doit procurer par des moyens contraires aux causes & aux accidents des indispositions, & ces moyens doiuent estre en Nature, comme il est necessaire par la raison des contraires, & d'elle en l'Art, d'où il s'ensuit qu'ils sont seulement incõneus, & pour en jouyr qu'il les faut chercher, & où plus prochainement & plus seurement qu'és Plantes?

Pour fermer donc ce discours en la faueur des Plantes & pour la verité: j'offre de monstrer publiquement que quiconque pretendra exercer l'Art de la Medecine sans la cognoissance & l'vsage des Vegetaux (je dis de tous ceux que nos campagnes nous fournissent,) que c'est vn trompeur, qu'il se mocque des dons de Dieu, & mesprise ses diuines graces. Et que tant de pretendus doctes & scientifiques discours, & toute la pedenterie, sans l'application & les effects des Plantes, sont pures tromperies dont se seruent ceux que l'orgueil, la paresse & l'enuie entraisnent au mespris des autres: voulant payer le monde de cette faulce monnoye. Que leurs erreurs descouuertes & combatuës par raison, & par vne tres-sensible experience, doiuent estre redressez par nostre trauail: Afin que Dieu benissant le tout, esleue nostre Edifice à sa gloire, & au bien de ses creatures, principalement des pauures, y trouuant les remedes à leurs infirmitez.

ORDRE DV DESSEIN DV IARDIN ROYAL DES PLANTES Medecinales.

POVR parfaictement accomplir le dessein de la construction du Iardin Royal, il conuiendroit achepter cinquante arpents de terre à l'extremité de l'vn des Faux-bourgs de Paris, & en lieu propre, de bonne situation, & proche de l'eau, s'il est possible.

Cette situation est ainsi choisie afin que les vapeurs des cloaques, & les fumees des cheminées ne dérobent la rosee aux Plantes, leur meilleur viure.

Ce lieu doit estre enclos de muraille, de neuf à dix pieds du rez de chaussee soubs chaperõ, auec chesnes de pierre de tailles, de neuf pieds en neuf pieds, qui monteront pour les cinquãte arpens à deux mille toises ou enuiron.

Au milieu du Iardin il faut esleuer vne motte de sept à huict toises de haut, en quatre à cinq arpents d'assiette, laquelle sera couppée du costé du Midy, en forme de croissant, pour planter à l'orée de cét aspect les Plante qui demandent le chaud, & en son sommet celles qui cherissent le haut: du Leuant vers le Septentrion au couchant, elle se formera en douce pente, ayant à ses deux costez deux bocages d'vn arpent chacun, l'vn de haute fustaye, & l'autre taillis, pour les arbres & les herbes qui ayment l'ombre & le frais.

Et pource qu'il cousteroit trop à porter des terres pour esleuer vne telle motte, afin de faire d'vne pierre deux coups il faudra bastir des voultes qui seruiront de serre, pour les Plantes qui craingnent le froid, lesquelles voultes seront esleuees à vn ou deux estages, selon la hauteur requise: par dessus l'on portera des terres de diuerses conditions, selon la nature des Plantes que l'on y voudra planter.

Les Plantes qui ont le pied en pleine terre profitent mille fois mieux que celles qui sont dedans des quaisses: il faut faire vne charpente qui se pose & se leue toutesfois & quantes que l'on voudra, pour couurir en Hyuer, le parterre qui sera en la demy-lune de l'ouuerture de la motte, où seront les Plantes estrangeres du Midy, les plus robustes, qui craignent le froid: car par ce moyen nous pouuons auoir des Orangers & Citronniers grãds comme nos Pommiers, & autres Plantes rares & belles.

Les Parterres contenans les Plantes rares, doiuent estre enuironnez de balustres faicts de fer, pour la duree & bonté, afin d'empescher que les indiscrets ne les cueillent, estant du tout impossible que l'on n'ouure la porte à beaucoup de monde peu respectueux.

Le Parterre du Roy doit estre clos de mesme sorte, car estant planté d'arbrisseaux tousiours verds, & y ayãt continuellemẽt dedans ses quarreaux des fleurs, en quelque saisõ que ce soit, mesme sous la neige en son temps, ceux qui y entreroient ne se pourroient empescher d'en cueillir. Ces Parterres auront vn arpent ou cinq quartiers d'estenduë chacun.

Les autres Parterres seront fermez de hayes faites de plusieurs arbrisseaux, & de perches pour les lier ensemble, ainsi qu'en plusieurs endroicts du Iardin Royal des Tuilleries.

Il faut auoir plusieurs grandes quaisses roullantes pour les plantes foibles & delicates des pays chauds qui craignent le froid des moindres rosées, pour les serrer l'Hyuer dedans les serres.

Que si l'on ne peut auoir des eaux de fontaines, il sera besoin de faire des pompes, lesquelles portant l'eau loing & haut, mesme iusques sur la motte, où sera vn grand reseruoir, afin de lascher les eaux peu à peu, pour faire comme de petits ruisseaux qui seruiront à arrouser les Plantes, & à en planter le long de leurs bords.

De là, s'il est besoin & plus propre, l'on pourra tirer des tuyaux qui la porteront par tout le Iardin, & la feront jalir en plusieurs endroicts pour l'vsage & pour la decoration.

Sera tres à propos, aux lieux ombreux de nostre motte, de faire des grottes pour y planter de toutes les sortes de capilaires, & que de leur creux ruissellent des eaux pour les tenir fraischement, ainsi que fontaines naturelles, autãt vtiles pour ce dessein, que plaisantes pour l'œil.

Il faudra tenir en labour de charuë trois ou quatre arpents de terre, pour y ſemer le Panis, le Mil, le Ris, les Nigelles & les autres grains qui ayment cette ſorte de culture.

Il y conuient auſſi auoir trois ou quatre arpens de pré, enuironnez de diuers Saules, où toutes les eaux & eſgouts tant de la motte que de tout le Iardin, ſe viendront rendre dedans des canaux & mares creuſées à ce deſſein, & pour les Plantes qui ayment le frais & les eaux.

Les Parterres du Iardin dreſſez, il conuient recouurer le plus de Plantes que l'on pourra, tant arbres, arbriſſeaux & herbes pour les enrichir, qu'il faut chercher non ſeulment dedans la campagne, ſur les montagnes, és marais, & autres lieux, mais encore dedans les jardins, pour les domeſtiques.

Pour les chercher, il conuient employer ſix hommes, voire dauantage, vacquans par la campagne & aux prouinces eſtrangeres, auſquels il conuient donner gages.

Et pour cultiuer les Parterres de ce Iardin, & faire les ouurages requis à ſon entretien, pluſieurs hommes ſeront neceſſaires, du moins ſix, aux ſaiſons les plus mortes, & aux autres ſelon la neceſſité de la beſongne.

A ce nombre d'hommes ordinaires & domeſtiques, conuiendra joindre le ſeruice de pluſieurs cheuaux pour les tombereaux & charettes ſeruans à porter la terre & le fumier par le Iardin, & pour nombre d'autres ouurages difficils à exprimer.

Et puis voulant tenir des eaux diſtilées des Plantes, des ſucs, des eſſences & des ſels, ſelon le memoire cy-apres, & de toutes les Plantes, & de leurs parties : Il est necessaire d'auoir quelqu'vn qui les cueille en temps & âge conuenable, les fasse seicher & les serrer pour les garder, afin d'en secourir ceux qui en auront besoin.

Ce Iardin doit estre accompagné de ses bastimens dignes de l'œuure Royale, ils ne peuuent moins auoir que vingt-quatre toises de face, comprenant deux grands pauillons où seront les logemens du Maistre & de ses domestiques, accouplez d'vn grand corps d'hostel, auquel seront les salles à faire les leçons : aux costez des pauillons seront les escuries, & sur le deuant pour faire le quarré, deux petits pauillons pour le logement des hommes de la campagne.

A l'vn des pauillons entrant dedans le Iardin, sera attaché vne grande galerie de cinquante toises de long, sur quatre de large, & six de haut, ayant au bout vn pauillon : le bas de la galerie seruira à la distillation des Plantes, & le haut pour les conseruer seiches, & leurs parties; laquelle doit estre garnie d'armoires pour les mieux garder.

Le plan que je donne represente en partie ce que dessus, son estenduë quarrée est de cinquante arpens.

A & B sont les deux pauillons, au milieu desquels, & pour les accoupler, est le corps d'hostel : contenant les salles pour faire les leçons.

AA Bassecourt pour les escuries.

BB Pour serrer les tomberaux & charettes.

CC Les petits pauillons pour le logement des estrangers.

D La galerie de cinquante toises de long, sur quatre de large, & six de haut.

E Pauillon au bout de la gallerie, pour loger les ouuriers seruans aux distillations.

F Parterre du Roy.

GG GG Diuers Parterres du nom de plusieurs personnes Celebres: le premier contenant plusieurs Plantes rares, sera nommé le Parterre du Roy; & les autres selon qu'il conuiendra.

N Vn Pré & Saulsaye.

O Vn Marest.

La Montagnette & son ouuerture paroissent assez sans les marquer.

Les autres ouurages se peuuent aussi facilement conceuoir: le tout sera faict en la meilleure disposition possible, asseurant qu'il s'y rencontrera plus de gentilesses que l'on n'en sçauroit descrire.

MEMOIRE DES PLANTES VSAGERES, ET DE LEVRS PARTIES QVE L'ON DOIT TROVVER A toutes occurrences, ſoit recentes ou ſeiches, ſelon la ſaiſon ; au Iardin Royal des Plantes Medecinales ; Enſemble les Sucs, les Eaux ſimples diſtilées, les Sels & les Eſſences.

LES RACINES.

Rad. A Canti.
Acori pereg. & vulg.
Alij.
Alcannæ.
Altheæ.
Angelicæ.
Anchuſæ.
Anchoræ.
Apij vtriuſque.
Ariſtolochiæ vtriuſ.
Ari, ſiue Aaronis.
Rad. Aſari.
Aſparagi.
Aſphodeli.

Bardanæ.
Bellidis.
Betæ nigræ.
Biſtortæ.
Borraginis.
Brioniæ.
Bugloſſi vtriuſque.
Rad. Bulbi vomitorij.

Capparum.
Cariophilatæ.
Caulium.
Centaurij maj.
Cepæ.
Cameleontis vtriuſ.
Cichorij.
Chelidonię vtriuſque.
Colchici.
Conſolidæ vtriuſque.
Coſti hortenſ.
Cucumeris agreſtis.
Cynogloſſæ.
Cyclaminis.
Cyperi.

Dauci.

Dictami vulg. siue Fraxinellæ.
Doronici.

Ebuli.
Ellebori vtriusque.
Enulæ campanæ.
Eringij.
Esulæ vtriusque.

Filicis.
Filipendulæ.
Fœniculi.
Rad. Fraxini.

Gentianæ.
Glycyrrhisæ.
Graminis.

Hemerocalis.

Iridis nostræ & flor.
Imperatoriæ.
Isatidis.

Lauri.
Lapathij acuti.
Lilij albi.

Maluæ.
Mandragoræ.
Mei.
Mezerei.
Morsus diaboli.

Nenupharis.

Ononidis.

Pastinacæ vtriusque.
Pentaphili.
Peucedani.
Peoniæ vtriusque.
Phu vtriusque.
Pimpinellæ.
Rad. Plantaginis.
Polipodij.
Pologonati.
Porry.
Pyrethry.

Raphani silu.
Rhabarbari Monachorum.
Rubiæ tinctorum.
Rusci.

Sambuci.
Satyrij vtriusque.
Saxifragiæ.
Sanguisorbæ.
Scabiolæ.
Scillæ aut Squillæ.
Scrophulariæ.
Scorzonetæ.
Seseleos.
Silari.
Sigilli Beatæ Mariæ.
Smilacis asperæ.
Spatulæ fœtidæ.

Thapsiæ.
Tormentillæ.
Tribuli aquatici.
Tuberum seu bolecorum.
Tytimalus dandroides.

Vincetoxici.

LES ESCORCES.

Cortic. A Pij.
Auelanarum.
Arantiorum.

Berberis.

Capar. rad.

Ebuli rad.
Enulæ.
Esulæ maj. Germanorum.

Fabarum.
Fœniculi rad.
Fraxini rad. & ligni.

Iuglandium virid.

Lauri.

Mandragoræ rad.

Nucum putamina.

Petrocelini.
Prunelli siluest.
Pinçarum putamina.

Quercus arbor.
Cort. Sambuci rad.

Tamaricis.

Vlmi.

LES

LES BOIS.

Lignum Buxi.

Cypreſſi.

Fraxini.

Iuniperi.

Suber.

Mamariſci.

Vlmi.

LES HERBES.

ABrotanum vtrumque.
Abſinthium vtrumque.
Acetoſa ſiue Oxalis.
Acanthus.
Adianthum.
Agrimonia.
Ageratum.
Agnus caſtus.
Alleluya ſiue Acetoſella
Alcea.
Allium.
Althea.
Alſine.
Alchimilla.
Alcanna.
Amaracus.
Anagalis vtraque.
Anchuſa maj.
Anethum.
Apium.
Aperine ſiue Aſpergula.
Aquilegia,
Argentina ſiue Potentilla.
Ariſtolochia vtraque.
Artemiſia.
Aſparagus.
Aſarum.
Atriplex.
Auricula muris maj.
Attractilis hyrſuta.

Balſamita ſiue ſyſimbrium.
Barba Iouis ſiue Sedum maj.
Bardana.
Beta. { alba. nigra. rubea.
Betonica ſiue Vetonica, aut herba tunica.
Bellis.
Blitum.
Borrago.
Bonus Henricus.
Botris.
Brionia.
Burſa paſtoris.
Bugloſſum.
Buxus.

Calaminta vtriuſ.
Caltha vtriuſ.
Caprifolium.
Carduncellus ſiue ſenecio.
Carduus bendictus.
Carduus Beatæ Mariæ ſiue lacteus aut ſpina alba.
Caſſutha ſiue cuſcuta.
Cariophilata.
Cataputia min. ſiue lathiris.
Cauda Equina ſiue Equiſetum.
Caulis { hortenſis. ſilueſtris. marina.
Centaurium vtrumque.
Centinodium.
Cerefolium.
Cepea ſiue Becabunga.
Ceterach.
Chamæpitis.
Camædrys.
Chamæmelum.
Chelidonia maj.
Cinara ſiue Artichocus.
Cichorium.
Cicuta.
Clematis daphnoïdes ſiue vincap.
Conſolida { ſaracenica. regia. media ſiue bugla.
Coronopus.
Coſtus hortenſis.
Cotonaria.
Criſpuda.
Craſſula.
Crithamus ſiue criſta marina.
Cucumis aſininus.
Cyaneus vterque.
Cynogloſſum.
Cypreſſus.

Dictamus.
Dipſacus.

Ebulus.
Echium.
Endiuia.
Enula campana.
Epithimum.
Eruca.
Euphragia.

Filix vtraque.
Filicula ſiue adiantum vulgare.
Filipendula.
Fœniculum.
Fragaria.
Fraxinus.
Fumaria.

Galega.
Galium vtrumque.
Gentiana.
Geniſta.
Geranium.
Gramen.
Gratiola ſiue hyſſopus pratenſis.

Haſtula regia ſiue Aſphodelus.
Hepatica ſiue lichen.
Hepatica ſiue herba trinitatis.
Hedera vtraque.
Herba { camphorata. / moſcata. / par. / paris. / Roberti ſiue gratia Dei. }
Helxine ſiue parietaria.
Hyppogloſſum.
Hyppolatum.
Horminum vtrumque.

Hydrolapatum.
Hydropiper maculatum.
Hyſſopus.
Hyoſcyamus.
Hypericon.
Hypoglottis.

Iberis ſiue piperitis.
Imperatoria.
Inguinalis ſiue Aſter attic.
Iris { Germanica. / Florentina. / Luſitanica. / lutea. / cerulea. / ſilueſtris. }
Iſatis ſiue glaſtum.
Iuncus floridus.

Lactuca vtraque.
Lagopus.
Lauendula.
Laureola.
Lappa min. ſiue xantium.
Laurus.
Lentiſcus.
Lens paluſtris.
Leuiſticum.
Linaria.
Lilium conuallium.
Lingua Ceruina ſiue phillitis.
Limonium.
Lotus vrbana.
Lupulus.
Lycnis coronaria.

Malua.
Majorana.
Mandragora.
Marrubium vtrumque.
Marum.
Matricaria.
Melilotum.
Meliſſa.
Mentha vtraque.
Menthaſtrum.
Mercurialis vtraque.
Mezereon.
Millefolium.
Muſcus.
Myrrhis.

Nardus celtica.
Naſturtium vtrumque.
Nummularia.
Nymphea.

Ocimum.
Ononis.
Ophiogloſſum.
Origanum.
Oxilapathum.

Papauer { album. / nigr. / rub. ſiue Rhetas. / cornic. }
Paſtinaca.
Perſicaria non maculata.
Perfoliata.
Pentaphilum.
Petroſelinum vtrũque.
Pes columbinus ſiue geranium alterum.
Perſicorum folia.
Pimpinella.
Piloſella.
Pithyuſa.

Plantago.

Polium { campestre. montanum. marinum.

Polytricum.
Portulaca vtraque.
Porrum.
Primula veris.
Pulegium vtrumque.
Pulmonaria maculata.
Pulicaria siue Coniza.
Pyria silu.
Pyrola.

Quercus folia.

Ranunculus siue apium risus.
Raparum folia.
Ros-solis.

Rosa { alba. rubea. pallida.

Rubus vterque.

Ruta { hortensis. siluest. harmel. muraria.

Sabina.

Saluia { hortens. siluest. bosci.

Salicis folia
Sanicula vtraque.
Saponaria.
Satureia.
Saxifraga.
Scabiosa.
Scordium.
Scrophularia.

Sedum { majus. minus siue vermicularis. arborescens. vrens.

Serpillum.
Sigillum Salomonis.

Solanum { morella. arbores. Somniferũ.

Soldanella.
Sonchus vterque.
Spinachia.
Spina alba.

Spica { vulgaris. Romana. Celtica.

Stœcas.
Succisum siue morsus diab.

Tanacetum.
Taraxacon.
Tamariscus.
Thymum.
Thymelea.
Thytimali omnes.
Tormentilla.
Trinitas siue Epimediũ.
Trifolia omnia.
Tussilago.

Valeriana { major. minor. fœm. Græca.

Verbascum siue tapsus barb.
Verbena.

Veronica { mas. fœm. recta.

Viola.
Vitis vinifera vtraque.
Vincetoxicum.
Virga aurea.
Vlmaria.
Vmbilicus veneris.

Vrtica { maj. min. Romana. hortulana.

FLEVRS.

Flores { Agnicasti. Amaranthi.

Anethi.
Armerij.
Arantiorum.

Balaustiorum.
Betonicæ.
Borraginis.
Buglossi.

Cariophilli.
Calandulæ siue Calthæ.
Caprifolij.
Capparum.
Carthami siue Cnici.
Flor. Centaurij min.
Chamæmeli.
Cheiri.
Cichorij.
Comarum absinthij.
Croci.
Cianei vtriusque.

Echij palustris.
Epithimi.
Ericæ.
Erucæ.
Euphragiæ.

Fabarum.
Frumenti.
Fumariæ.

Genistæ.

Hyacinthi.
Hyperici.
Hyssopi.

Labruscæ siue vitis siluest.
Lauri.
Lauendulæ.
Lamij albi.
Ligustri.
Lilij albi.
Lilij conuallij.
Lupuli.

Flor. Majoranæ.
Maluæ vtriusque.
Meliloti.
Melissæ.

Narcissi vtriusque.
Nucum iuglandium.
Nympheæ vtriusque.

Origani.
Ocimi.

Papaueris rubri siue Rheadis.
Persicorum.
Peoniæ.
Populi gemmæ.
Primulæ veris.
Prunellæ.
Pronorum siluest.

Rosæ { albæ. rub. pallidæ.
Rorismarini.

Saluiæ.
Sabacis siue Iasmeni.
Sembuci.
Scabiosæ.
Siliginis.
Spicæ hortulanæ.
Flor. Stœcados.

Tamarisci.
Tanasceti.
Tapsi barbati.
Tiliæ.
Tunicæ.
Tussilaginis.

Vetonicæ.
Violæ purpureæ.
Vrticæ mortuæ.

FRVICTS ET GERMES.

AGresta.
Alkekangi.
Amigdala amara & dulcia.
Amoris poma.
Arantia.
Auellana.

Baccæ { herbæ paridis. iuniperi. Lauri. Hederæ. solanisõniferi.
Berberis.

Castanea.
Cerasum { rub. nig. acid. dulc.
Citrium malum.
Cicer { rub. candid. virid. nigr.
Colocynthis.
Cornus.
Coni cupressi.
Cucumis vtriusque.
Cucurbita.
Cydonium.

Ebuli grana.

Fraga.

Galla immatura.
Glandes quercinæ.
Glandium calyculi.
Granatum malum.

Iuglans.

Limones.

Mandragoræ pomum.
Mala insana.
Melones.
Mespilum.
Mora.

Nuclei { Cerasorum. mali Persici. mali armeni.

Oculi populi.

Papaueris capita.
Phaseoli.
Pini nucleus in conis.
Poma { acida. dulcia. redolentia. }
Pruna omnis species.
Prunella siluest.
Pyra.

Quercus germina.

Sorba.

Tribulus aquaticus.

SEMENCES OV GRAINES.

Sem. ABsinthij.
Acetosæ.
Acini.
Agnicasti.
Alkekangi.
Sem. Altheæ.
Ammeos vulg.
Anethi.
Angelicæ.
Anguriæ.
Anisi.
Anthoræ.
Apij satiui.
Aquilegiæ.
Asparagi.
Atriplicis.
Arantiorum.
Auenæ.

Bardanæ.
Berberis.
Bulbi.

Cannabis.
Cardui bened. & Mariæ.
Carthami.
Carui.
Cauli.
Ceparum.
Cerasorum.
Cerefolij.
Cicutæ.
Citri.
Citruli.
Coriendri.
Colocynthid.
Crithmi.
Sem. Cuscutæ.
Cucumeris vtriusque.
Cymini hort. & silu.
Cydoniorum.
Cychorij.

Dauci nostri & cœlti ci.

Ebuli.
Endiuiæ.
Erucæ.
Erisimi siue irionis.
Erui vel orobi.

Fabarum.
Feniculi.
Fœnugreci.
Fraxini.
Fumariæ.

Gariophillatæ.
Genistæ.
Geranium gnidium id. Thimelea.
Granum solis.

Harmel id. rutę. sil.

Hederæ.
Herbæ paridis.
Hordei.
Hyosciami.
Hyperici.
Sem. Hyssopi.

Imperatoriæ.
Iuniperi.

Lactucæ.
Lauri.
Lapathi acuti.
Lathiridis.
Laureolæ.
Lentes.
Leuistici.
Lini.
Lithospermi id. milij solis.
Lolij.
Loti vrbanæ.
Lupini.

Maluæ.
Mandragoræ.
Majoranæ.
Melonum.
Mespilorum.
Mezerei.
Milij.

Napi.
Nasturtij vtriusque.
Nigellæ.

Ocimi.

Sem. Papaueris vtriusque.
Pastinacæ vtriusque.
Petroselini vtriusque.

Perfoliatæ.
Phaseoli.
Pimpinellæ.
Plantaginis.
Pori capitati.
Portulacæ.
Peoniæ vtriusque.
Psilij.

Rapi.
Raphani.
Ricini.
Rosarum.
Rutæ hortens.

Saxifragiæ.
Sesami.
Seseli siue sileris montani Massiliensis.
Sinapeos.
Siliquastri siue Capsici.
Solani satiui.
Stafidisagriæ.

Thlaspios.
Trifolij bituminosi.
Tritici.

Vicea.
Violarum.
Vrticæ vulgaris.
Vuarum acini.

Zeæ.

SVCS.

Succ. Absinthij vtriusque.
Acatiæ siue prunellorum silu.
Acetosæ siue oxalidis.
Acetoselæ.
Adianthi.
Agrimoniæ.
Alchimillæ.
Alkekangi.
Altheæ.
Aneti.
Anthemidis.
Apij vtriusque.
Artemisiæ.

Berberis.
Betonicæ.
Borraginis.
Buglossi.
Bursæ pastoris.
Bete rub.

Calamithæ vtriusque.
Succ. Calandulæ.
Caprifolij
Cardui benedicti.
Centaurij min.
Centinodiæ.
Cerasorum nigr.
Chamæpityos.
Chelidonij maj.
Cichorij.
Consolidæ saracenicæ.
Corticum iuglandium.
Cothiledonis.
Crassulæ.
Cuscutæ.
Cynoglossi.
Cytoniorum.

Ebuli.
Endiuidiæ.
Euphragiæ.

Fœniculi.
Fumariæ.

Hedere terrestris.
Hyperici.
Humoris in folliculis vlmi.
Hyssopi.

Iridis.

Succ. Lilij conuallij flor.
Lupuli.

Majoranæ.
Marrhubij.
Matricariæ.
Melissæ.
Menthastri.
Menthæ.
Mercurialis.
Millefolij.
Morsus diaboli.

Nicotianæ.
Nummulariæ.

Ononidis.
Ophioglossi.
Origani.

Papaueris vtriusque.
Parietariæ.
Persicariæ.
Plantaginis.
Portulacæ.
Prunellæ.
Pulegij.

Rosarum.
Rutæ.

Sabinæ.

Succ. Saluiæ hort. & ſilu.
Sambuci.
Saniculæ vtriuſque.
Saxifragiæ.
Scabioſæ.
Scordij.
Senecionis.
Solani.

Tanaceti.
Tormentillæ.

Valerianæ fœm.
Verbaſci ſiue tapſibarb.
Verbenæ.
Veronicæ vtriuſque.
Violarum.
Vlmariæ.
Vrticæ.

LES EAVX SIMPLES.

Aqua Abrotani.
Abſinthij vtriuſque.
Acac. prunel. ſilu. flor.
Acetoſæ.
Acetoſellæ.
Adianthi.
Agrimoniæ.
Alchimillæ.
Alkekangi.
Aq. Altheæ.
Alſines.
Anagallidis.
Anethi.
Angelicæ.
Anguriæ.
Anthemidis.
Apij.
Aquilegiæ.
Arnogloſſi.
Aranciorum flor.
Ari.
Arthemiſiæ.
Aſari rad.
Aſparagi.
Auriculæ muris.

Barbæ hirci ſiue ſcorzō.
Bardanæ.
Baſilici.
Berberis.
Betonicæ.
Betulæ arb.
Borraginis.
Braſſicæ.
Brioniæ.
Bugloſſi.
Burſæ paſtoris.

Calami aromatici.
Calaminthæ vtriuſque.
Calendulæ.
Aq. Capillorũ veneris.
Caprifolij flor.
Cardui benedicti.
Centaurij.
Centinodiæ.
Ceparum.
Ceraſorum nigrorum.
Cerefolij.
Chamæpityos.
Chelidonij maj.
Cichorij.
Cirri pomorum.
Citrulorum.
Cochleariæ.
Conſolidæ maj.
Corticum iuglandium.
Craſſulæ.
Cucurbitæ.
Cuſcutæ.
Cynogloſſi.
Cytoniorum.

Dentis leonis.

Ebuli.
Endiuiæ.
Enulæ.
Eupatorij.
Euphragiæ.

Farfaræ ſiue tuſſilagi.
Florum { Roſmarini. / Cyanei. / Fabarum. / lamij. / Siliginis. / Tiliæ. / Tunicæ. }
Fœniculi.
Fragariæ & fragorum.
Fraxini.
Fumariæ.
Fungorum.

Galegæ.
Geniſtæ.
Gentianæ.
Geranij.
Graminis.

Hederæ vtriuſque.
Helxines.
Herniariæ.
Hipparidis.
Hyperici.
Hyſſopi.

Iridis.
Iuniperi ex granis.

Lactucæ.
Lapathi acuti.
Lauendulæ.
Aq. Leuiftici.
Liguftri flor.
Lilij albi.
Lilij conuallij.
Linariæ.
Lupuli.

Majoranæ.
Maluæ.
Marrhubij.
Matricariæ.
Meliloti.
Meliffæ.
Melonum.
Mentaftri.
Menthæ.
Milij folis.
Millefolij.
Mororum celfi.
Morfus diaboli.

Nafturtij vtriufque.
Nicotianæ.
Nucum immaturatarum.
Nummulariæ.
Nympheæ.

Ononidis.
Origani.

Papaueris vtriufque.
Petafitæ.
Aq. Petrofelini.
Pinpinellæ.
Plantaginis vtriufque.
Peoniæ.
Poligonati.
Polytrichi.
Portulacæ.
Primulæ veris.
Prunellæ.
Pulegij.
Pyrolæ.
Pyrorum filu.

Quercus. fc. germ. fol.

Raparum.
Raphani.
Rofarum { Albarum. Damafcenarum. Rubrarum.
Rutæ.

Sabinæ.
Saluiæ vtriufque.
Sambuci.
Saniculæ.
Satureiæ.
Satyrionis.
Saxifragiæ.
Scabiofæ.
Scolopendriæ fiue Philletidis.
Aq. Scordij.
Scrophulariæ.
Sedi feu femperuiui.
Senecionis.
Serpylli.
Solani.
Spicæ Nardi.
Squamariæ.

Tamarifci.
Tanaceti.
Tormentillæ.

Valerianæ.
Verbafci fiue tapfi barb.
Verbenæ.
Veronicæ.
Violarum.
Vitium lacrimæ.
Vlmariæ.
Vrticæ.

LES SELS.

Sal. Abrotani.
Abfinthij vtriufque.
Adianthi.
Agrimoniæ.
Alchimillæ.
Althæ.
Anethi.
Anthemidis.
Sal. Apij.
Ariftologiæ.
Artemifiæ.
Afari.
Afparagi.

Barbæ hirci.
Bardanæ.
Bafilici.
Betonicæ.
Betulæ arb.
Biftortæ.
Borraginis.
Braffica.
Brioniæ.
Bugloffi.
Burfæ paftoris.
Buxi.

Calaminthæ vtriufque.
Calendulæ.
Capilorum ven.
Caprifolij.

Cardui

Cardui bened.
Centaurij min.
Cariophilatæ.
Centinodiæ.
Cerifolij.
Chamæpytios.
Chelidonij maj.
Cichorij.
Consolidæ saracenicæ.
Sal. Corticum inglandium.
Cuscutæ.
Cynoglossi.

Dauci.
Dentis leonis.

Ebuli.
Endiuiæ.
Enulæ.
Ericæ.
Eringij.
Eupatorij.
Euphragiæ.
Erucæ.

Farfaræ.
Filicis vtriusque.
Fœniculi.
Fragorum.
Fraxini.
Fumariæ.

Genistæ.
Gentianæ.
Geranij.
Graminis.

Hederæ vtriusque.
Helxines.
Herniariæ.
Hippuridis.

Sal. Hyperici.
Hyssopi.

Iridis.
Iuniperi.

Lapathi acuti.
Lauendulæ.
Lauri.
Leuistici.
Lilij conuallij.
Linariæ.
Lupuli.

Majoranæ.
Maluæ.
Marrhubij.
Melissæ.
Meliloti.
Mentastri.
Menthæ.
Mercurialis.
Millefolij.
Morsus diaboli.

Nasturtij vtriusque.
Nicotianæ.
Nummulariæ.
Nymphеæ.

Ononidis.
Origani.

Papaueris vtriusque.
Peoniæ.
Persicariæ.
Petrosilini.
Pimpinellæ.
Plantaginis.
Poligonati.
Polipodij.
Politrichi.
Portulacæ.
Primulæ veris.
Prunellæ.
Pulegij.
Pyrotæ.

Querci.

Rosarum.
Rusci.
Rutæ.

Sabinæ.
Saluiæ vtriusque.
Sambuci.
Saniculæ.
Satureiæ.
Saxifragiæ.
Scabiosæ.
Scolopendrij.
Scordij.
Scrophulariæ.
Sal. Senecionis.
Serpilli.
Solani.
Squamiæ.

Tamarisci.
Tanaceti.
Tormentillæ.

Valerianæ.
Verbasci.
Verbenæ.
Veronicæ.
Violarum.
Vrticæ.

ESSENCES.

Ess. Abrotani.
Absinthij.

Ammi vulg.
Anethi.
Anisi.
Angelicæ.
Apij.
Artemisiæ.
Asari.
Atanasiæ.

Calamenthi vtriusque.
Carui.
Chamæmeli.
Ess. Coriendri.
Cumini.
Cupressi.

Enulæ.
Erucæ.
Eupatorij Auicennæ.

Fœniculi.

Genistæ.

Hyssopi.

Iasmini.
Iuniperi.

Lauendulæ.
Lauri.

Majoranæ.
Marrhubij.
Mari.
Mentastri.
Menthæ.
Matricariæ.
Melissæ.

Nasturtij.
Nepethæ.

Ocimi.

Ess. Origani.

Petroselini.
Pulegij.

Rorismarini.
Rosarum.
Rutæ.

Sabinæ.
Saluiæ.
Ess. Satureiæ.
Scordij.
Serpilli.
Sticados.

Thlaspi.
Tymbræ.

Verbasci.
Viticis.
Vrticæ.

www.ingramcontent.com/pod-product-compliance
Ingram Content Group UK Ltd.
Pitfield, Milton Keynes, MK11 3LW, UK
UKHW021640260726
13994UKWH00003B/1228

9 782329 382968